U0253917

北京市自然科学基金面上项目（项目编号：8222022）
北京林业大学“杰出青年人才”培育计划项目（项目编号：2019JQ03010）

纽约大都市区
区域绿色空间规划及演进
（1922–2022）

Regional Green Space Planning and
Evolution in New York Metropolitan Area

姚 朋 王馨羽 邵 明◎著

中国建筑工业出版社

审图号：GS 京（2023）1025 号
图书在版编目（CIP）数据

纽约大都市区区域绿色空间规划及演进 = Regional Green Space Planning and Evolution in New York Metropolitan Area：1922—2022 / 姚朋，王馨羽，邵明著 . —北京：中国建筑工业出版社，2023.10
ISBN 978-7-112-29159-5

Ⅰ.①纽… Ⅱ.①姚… ②王… ③邵… Ⅲ.①城市规划—绿化规划—研究—纽约— 1922-2022 Ⅳ.① TU985.1

中国国家版本馆CIP数据核字（2023）第176835号

责任编辑：杜　洁　李玲洁
责任校对：张　颖
校对整理：赵　菲

纽约大都市区区域绿色空间规划及演进（1922—2022）
Regional Green Space Planning and Evolution in New York Metropolitan Area
姚　朋　王馨羽　邵　明　著
*
中国建筑工业出版社出版、发行（北京海淀三里河路 9 号）
各地新华书店、建筑书店经销
北京海视强森文化传媒有限公司制版
北京富诚彩色印刷有限公司印刷
*
开本：787 毫米 × 1092 毫米　1/16　印张：10¾　字数：179 千字
2023 年 12 月第一版　2023 年 12 月第一次印刷
定价：**99.00** 元
ISBN 978-7-112-29159-5
（41767）

序

北京林业大学园林学院姚朋教授的团队长期致力于风景园林规划设计的研究与实践工作，尤其是碳中和与城市群视角下的区域绿地格局研究与规划设计。近年来，姚教授团队完成了一系列重要成果，它们是以碳中和视角下北京市绿色空间格局预测与优化研究为代表的理论成果，和以北京 2022 年冬奥会赛区核心区生态景观规划设计为代表的实践成果，这些成果有着很好的理论价值和应用价值，在中国产生了良好的社会效益和广泛的社会影响。

姚教授曾于 2019—2020 年在美国宾夕法尼亚大学设计学院做访问学者。期间在风景园林系主任理查德 · 韦勒教授的指导和建议下，姚教授深入研究了区域规划协会（RPA）此前 100 多年以来对纽约大都市区所做的 4 次区域规划，特别是区域绿色空间规划的主要内容、专题研究和演变特征，并进行了大量的考察调研和实地走访。在此基础上，姚教授在结束美国的访问后完成了这本专著，这是一本优秀的专著，我非常愿意向大家推荐。

在这本优秀的专著中，姚教授概述了纽约大都市区在过去一个世纪中开放空间和环境规划的历史。这项工作由区域规划协会负责，该协会成立于 1922 年，是一个独立的非法定团体，负责为美国最大的城市地区制定战略规划。姚教授介绍了区域规划协会的 4 次区域规划如何应对保护大都市区大型自然系统的挑战。

区域规划协会的第一次区域规划于 1929 年完成，建立了一个由州立公园、区域公园和公园大道组成的网络，为该地区快速增长的城市和郊区人口提供休闲机会。

1966 年的第二次区域规划在整个地区的战略要地建立了大型国家公园和州立公园，并设立联邦和州基金用于保护开放空间。这些行动是拟提议的“开放空间竞赛”的一部分，旨在保护这些重要的景观，以免它们被猖獗的郊区扩张所吞噬。

1996年题为“濒危地区”的第三次区域规划建立了一个大型区域性保护区网络，以保护该地区的公共供水流域和其他重要的自然资源系统。

最后，区域规划协会于2021年完成的第四次区域规划建立了一个由新的公园、保护区和绿道组成的网络，以应对气候变化及其影响。

尽管区域规划协会没有实施这些规划的官方能力，但其在过去一个世纪中坚持不懈、卓有成效的宣传和联盟建设工作，使这些规划建议中的大部分方案得以成功实施。

这些规划体现的原则和开放空间保护战略，可以为世界上其他快速发展的大都市区、其他面临快速城市化发展的国家实施类似规划和行动开创先例。

罗伯特 · D. 亚罗

纽约区域规划协会前主席，宾夕法尼亚大学实践荣誉教授

Prof. Yao Peng's team at the School of Landscape Architecture, Beijing Forestry University, has long been dedicated to the research and practice of landscape planning and design, especially the research and planning of regional green space patterns under the perspective of carbon neutrality and urban agglomerations. In recent years, Prof. Yao's team has accomplished a series of important results, which are the theoretical results represented by the research on the prediction and optimization of Beijing's green spatial patterns under the perspective of carbon neutrality, and the practical results represented by the ecological landscape planning and design for the core area of the Beijing 2022 Winter Olympics Competition Zone, which bear excellent theoretical and applied values, and have achieved favorable social benefits and wide impacts in China.

Prof. Yao was a visiting scholar at University of Pennsylvania School of Design from 2019 to 2020. During that time, under the guidance and advice of Prof. Richard Weller, Chair of the Department Landscape Architecture, Prof. Yao studied four previous regional plans for the New York metropolitan area made by the Regional Plan Association (RPA) over the past 100 years, especially the main contents, thematic studies, and evolutionary characteristics of regional green space planning, and carried out numerous research studies and field visits. On this basis, Prof. Yao completed this monograph after his visit to the U.S. It is an excellent monograph, which I am more than willing to recommend to you.

In this excellent monograph, Prof. Yao outlines the history of open space and environmental planning for the New York Metropolitan Region over the past century. This work has been carried out by Regional Plan Association, an independent non-statutory group established in 1922 to prepare strategic plans for American largest urban region. Prof. Yao describes how each of RPA's four regional plans approaches the challenge of protecting large natural systems across the metropolitan area.

RPA's First Regional Plan, completed in 1929, proposes the creation of a network of state parks, regional parks, and parkways, to provide recreational opportunities for the region's rapidly growing urban and suburban populations.

The 1966 Second Regional Plan proposes the creation of large national and state parks in strategic locations across the region and the establishment of federal and state funds for open space protection. These actions are part of a proposed "Race for Open Space" designed to protect these important landscapes before they could be consumed by rampant suburban sprawl.

The 1996 Third Regional Plan, entitled A Region at Risk, proposed the creation of a network of large regional reserves to protect the region's public water supply watershed and other critical natural resource systems.

Finally, RPA's Fourth Regional Plan, completed in 2021, proposes a new network of parks, preserves and greenways to address climate change and its impacts.

Although RPA has no official capacity to implement these plans, its persistent and effective advocacy and coalition-building efforts over the past century have enabled most of these planning recommendations to be successfully implemented.

The principles and open space protection strategies embodied in these plans could create precedents for similar plans and actions in other rapidly growing metropolitan areas around the world and other countries facing rapid urban growth.

Robert D. Yaro
Former President of Regional Plan Association, and
Professor of Practice Emeritus, University of Pennsylvania

前 言

深入实施区域协调发展战略，构建优势互补、高质量发展的区域经济布局和国土空间体系，是党的二十大做出的重要战略部署。以中心城市引领或以城市群和都市圈为代表的城市发展模式，已成为新时代区域发展的重要支撑，其不仅有助于实现城市、城乡、乡野间的资源共享和优势互补，更提高了区域整体的竞争力和影响力。

区域一体化战略对于跨越城乡边界的绿色空间资源保护与利用提出了全新挑战，如何解决好自然资源与人工环境协调发展的问题，成为当前政策制定、学术研究和规划实践等领域的重要探索方向。因此，对世界各国不同历史阶段、不同地域特征的城市群和都市圈区域绿色空间规划的主要内容、发展趋势和演变动因等进行研究，具有重要的理论意义与实践价值。

美国纽约于20世纪20年代初就开始区域规划的探索。1929年，纽约区域规划协会（Regional Plan Association，RPA）正式成立，其在近100年的时间里对纽约大都市区进行了4次区域规划，并完成了数百项研究成果，对于区域绿色空间的建设与发展起到了至关重要的作用。本书梳理并总结了近100年来纽约大都市区区域绿色空间规划的社会背景、规划内容和实施成效，进而总结其演进特征与经验价值，主要内容如下：

首先，系统梳理并总结概括纽约大都市区4次区域规划中关于绿色空间规划的内容，在纽约大都市区区域规划发展的基础上，将区域绿色空间规划内容总结为以功能主义为导向的绿色空间增量规划（1929年）、郊区化背景下的绿色空间保护与设立规划（1968年）、点线面一体的全域绿色基础设施网络规划（1996年）、以气候应对和福祉提升为导向的绿色空间规划（2017年），并分析了其行动主体纽约区域规划协会（RPA）在跨越行政边界的区域绿色空间规划中所作出的贡献。

其次，在梳理总结规划内容的基础上，对纽约大都市区区域绿色空间的建设实施与格局变化进行研究，并分析其与规划内容及政策的关联性，以推测规划实施成效；剖析了近 100 年来区域绿色空间规划的发展规律和演进的内在逻辑，并从规划理念、空间载体、规划价值、财政制度和合作模式五个方面总结了规划演进的异质性特征。

最后，结合我国城乡发展和区域绿色空间的规划现状，从空间范畴、规划内容、编制路径和实施体系四个方面进行总结，提出了对我国城市群和都市圈区域绿色空间规划的启示。希望研究团队对于纽约大都市区区域绿色空间规划相对系统性、针对性的研究，能为我国解决城乡自然资源与人工环境协调发展的问题提供有益借鉴，能为我国城市群和都市圈区域绿色空间的评估、规划、建设和管理提供有益参考。

目 录

绪论 1

随着新型城镇化与区域一体化的部署，区域建设在高质量发展要求下面临区域生态环境与自然资源协调的诸多问题。如何解决城市群、都市圈等区域建设下自然与建成环境协调发展的问题，已成为人居环境等学科领域的重点。

1.1 区域绿色空间规划研究进展

区域规划是对一定空间范围内经济、社会和物质资源的综合管理，它由“区域”的空间实体和“规划”的实践构成。区域绿色空间是绿地系统在市域内更大尺度的延伸，区域绿色空间规划是区域规划的一部分，其对于协调社会系统与自然生态系统具有重要意义。

1.1.1 相关概念辨析

区域绿色空间涉及领域宽、内容多、范围广，下文对主要涉及的相关概念进行释义和辨析，包括都市区（都市圈）、区域规划、区域绿色空间三个概念。

1）都市区和都市圈

美国的都市区（Metropolitan Area，MA）概念在中国化过程中产生了诸多相似名词，在2019年《培育发展现代化都市圈的指导意见》发布后逐渐被都市圈所代替。本节将对基于美国都市统计区的“都市区”概念及其相似概念、我国目前使用较多的与其相似的“都市圈”概念进行明晰。

（1）美国相似概念

都市区、都市圈等相关概念源于美国。1910年，美国首次提出了作为统计区的都市区（Metropolitan District，MD）概念。在此之后，对都市区的界定标准进行了数次修改（图1-1）。其界定标准虽经历了数次变动，但其内容具有明显的连续性以及核心内容的一致性。美国的都市区最初始于人口统计区的概念，现如今，相关统计工作上出于便利也使用都市区这一名词。随着区域的建设与发展，都市区也多用在对于都市统计区地理范围上的形容。

1910 年	都市区（Metropolitan District, MD）	包括一个 10 万人以上人口的中心城市及其周围 10 英里以内的地区，或虽超过 10 英里但与中心城市连绵不断、人口密度达到每平方英里 150 人以上的地区
1949 年	标准都市区（Standard Metropolitan Area, SMA）	包括一个拥有 5 万人或 5 万人以上的中心城市及拥有 75% 以上非农业劳动力的郊县
1959 年	标准都市统计区（Standard Metropolitan Statistical Area, SMSA）	一个具有 5 万以上人口的中心城市，或共同组成一个社区的总人口达 5 万人以上的两个相连城市
1990 年	都市区（Metropolitan Area, MA）	泛指所有的大都市统计区、基本大都市统计区和综合大都市统计区，其统计范畴略有调整，规定每个大都市区应有一个人口在 5 万人以上的核心城市化地区，围绕这一核心的都市区地域为中心县和外围县
2000 年	核心基础统计区（Core Basic Statistical Area, CBSA）	一个拥有 1 万人或 1 万人以上人口的城市核心区以及与之有较高经济和社会整合度的周边地区组成的地域实体；至少 15% 非农业劳动力向中心县以内范围通勤或双向通勤率达到 25% 以上（2010 年增加）

图 1-1　美国都市区概念及其特征演变过程

（2）日本及其他欧美国家相似概念

日本及其他欧美国家也提出了与美国都市区相似的概念，而名称及标准特征各异（表 1-1、表 1-2）。

日本都市圈界定标准　　**表 1-1**

时间	部门或学者	标准及特征
1954 年	日本行政管理厅	都市圈是以一日为周期，可以接受城市某一方面功能服务的地域范围，中心城市的人口规模需在 10 万人以上
1960 年	日本行政管理厅	中心城市为中央指定市，或人口规模在 100 万人以上，并且邻近有 50 万人以上的城市，外围地区到中心城市的通勤率不低于本身人口的 15%，大都市圈之间的物资运输量不得超过总运输量的 25%
1970 年以后	日本总理府统计局	都市圈界定标准为人口 100 万人以上的政令指定城市，外围区域向中心城市通勤率不低于 1.5%
	富田和晓、Glickman 和川岛、山田浩之和山岗一幸等学者	对都市圈的界定标准以中心城市人口分别为 30 万人、10 万人、5 万人以上和外围地区到中心城市的通勤率分别达 10%、5%、10% 等为基本条件

其他欧美国家相似概念　　表 1-2

国家	相似概念	标准及特征
德国	城市区域（Stadtregion）	由中心城区、近郊区及远郊区构成，中心城区人口密度不低于 500 人 / km^2，近郊区或远郊区至中心城区的通勤率不低于 20%
加拿大	人口普查大都市区（Census Metropolitan Area, CMA）	由一个或多个毗邻的城市组成，这些城市以一个大型人口中心（称为核心）为中心，并与其高度融合
瑞典	劳动力市场区（Labor Market Area, LMA）	经济一体化空间单元，是指为汇编、报告和评估就业、失业、劳动力可获得性和相关主题而界定的超出行政边界的功能地理区域

（3）我国相关概念

我国近年来逐渐出现了城市连绵发展的现象，美国及其他发达国家的都市区等概念在传入我国的过程中因翻译不同而形成了都市区或都市圈等概念。我国对相关概念的研究始于 20 世纪 80 年代，众多学者提出了都市区、城市群、城市统计区、都市连绵区等概念，但概念界定模糊。随着 21 世纪南京、上海等城市与周边城市开始都市圈规划的编制工作，我国都市圈发展步入实践期。都市圈这一概念在近年来的相关政府文件中多次被提及（图 1-2）。

2014 年	中共中央 国务院《国家新型城镇化规划（2014—2020 年）》	特大城市要适当疏散经济功能和其他功能，推动劳动密集型加工业向外转移，加强与周边城镇基础设施连接和公共服务共享，推进中心城区功能向 1 小时交通圈地区扩散，培育形成通勤高效、一体发展的都市圈
2018 年	国家发展改革委《关于培育发展现代化都市圈的指导意见》	都市圈是城市群内部以超大、特大城市或辐射带动功能强的大城市为中心，以 1 小时通勤圈为基本范围的城镇化空间形态
2020 年	自然资源部《市级国土空间总体规划编制指南（试行）》	都市圈是以中心城市为核心，与周边城镇在日常通勤和功能组织上存在密切联系的一体化区域，一般为 1 小时通勤圈，是区域产业、生态和设施等空间布局一体化的重要空间单元

图 1-2　我国对都市区等相关概念的表述

（4）相关概念的说明

美国的都市区概念和我国近两年出台的多个文件中数次提及的都市圈这一概念具有强相关性，但我国目前未在城乡规范上对其划分标准进行明确界定。结合一些学者与我国相关政策的表述，都市区是指以具有一定人口规模的城市为核心，以城市通勤区域为基本范围的经济、社会发展高度一体化的空间单元（钱紫华，2022）；而都市圈是城市群内部以超大、特大城市或辐射带动功能强的大城市为中心，以1小时通勤圈为基本范围的城镇化空间形态。

由于“New York Metropolitan Area”在翻译过程中大多被译为“纽约大都市区”，故本书采用这个名称。本书使用的都市区（都市圈）这一概念为跨越行政边界的城市功能区域，是城市发展水平步入较高阶段形成的产物（洪世键，2007），由中心城市和与其具有紧密联系的相邻（或多个）城市组成的城市功能区域，一般由市、区（县）构成其基本单元。

本书在探讨纽约大都市区的区域规划及其绿色空间规划时，为了行文组织流畅，部分论述将纽约大都市区简称为大都市区或都市区；而在对于国内与之相似的城市功能地域空间的讨论中，多采用都市圈这一名词。

2）区域规划

区域规划（Regional Planning）最初是在19世纪末带形城市思想（Linear City）和田园城市理论基础上衍生出来的社会改革和城市规划思想，这一概念最早在苏格兰规划学家格迪斯（Patrick Geddes）的著作《进化中的城市》（*Cities in Evolution*）中提出，他提出的区域规划是基于详细的区域调查，将社会经济与区域自然环境融合的规划方法。20世纪初起区域规划在美国率先迅速发展，20世纪30年代起英国等欧洲国家也开始纷起效仿，同时也为我国近代的区域建设提供了参考。早期的区域规划发展主要由美国、英国两国主导推动，对此后世界各国的规划思想产生了变革性的影响。随着时代背景与社会发展的变化，学界对区域规划定义的理解也有所不同。

美国林学家麦凯（Benton MacKaye）在进行阿拉巴契亚山脉区域规划时，认为区域规划是在总体上对城市化及区域经济发展部署的方式，进而重塑城市空间结构和推动社会变革（MacKaye，1921）。1923年，麦凯与斯泰恩（Clarence Stein）、芒福德（Lewis Mumford）等人成立美国区域规划协会（Regional Planning Association of America，

RPAA），认为区域规划是在比城区更广大的区域中向周边城镇进行产业与人口布局，以复兴中小城市的发展。同时在规划中需要重视区域的地方特色和特殊人地关系。而同时期在纽约发展的以亚当斯（Thomas Adams）和纽约区域规划协会（RPA）为代表的另一批学者则认为，区域规划需强化其中心城市在该区域中的影响。美国学者约翰逊（Johnson，2015）基于欧美区域规划的发展，认为区域规划是对一定空间范围内经济、社会和物质资源的综合管理，它是由“区域”的空间实体和“规划”的实践构成，突破了传统城市规划的行政实体范围。

我国学者胡序威（1983）认为区域规划发展之初是在城市规划基础上扩大范围而开展的，其本质是与国土开发利用与治理保护相关的跨部门的地域性规划，全国范围的国土空间规划往往是多个区域规划的协调统一。本书采用学界较统一的定义，即区域规划是通过对社会、经济、城市建设等各方面的综合分析，在较大区域范畴内进行总体战略部署（崔功豪，2010；刘亦师，2021）。

3）区域绿色空间

区域绿色空间（Regional Green Space）衍生于城市规划领域，区域绿色空间规划属于区域规划的一部分，对协调社会系统与自然生态系统具有重要意义。相比于城市绿色空间（Urban Green Space），区域绿色空间的范围更大，包含多个城市及周边具有关联性地区的区域连续性自然资源的总和。因其发展时限限制和各领域侧重不同，国内外对于区域绿色空间的定义还未有较为成熟统一的看法。

目前学界已发展出许多与区域绿色空间密切相关的概念，但尚未形成明确的区域绿色空间概念。国外与之相似的概念有区域景观（Regional Landscape）、都市区景观（Metropolitan Landscape），但后者的区域范畴仅包含都市区的空间范围。还有较多概念本质上也属于区域绿色空间或其一部分，例如城市森林（Urban Forest）被认为是城市绿地资源及周边地区森林资源的总和，城市森林系统是具备生态功能的空间体系（Miller，1996）。绿色基础设施（Green Infrastructure）和国家公园（National Park）起源于19世纪的美国，前者是包括城市及其密切联系地区的绿地、水系、自然保护区等空间的具有生态和景观游憩功能的系统（Sandström，2002）；后者是以保护一个或多个生态系统为主，同时兼具教育游憩等复合功能的自然及近自然区域（朱仕荣，卢娇，2018）。

此外，我国多位学者提出的区域绿地的概念是市域等更大区域尺度中城市绿地、生态廊道、森林等多种绿地类型及周边未规划的生态空间（姜允芳等，2011；丁宇，张雷，2018），其范围大于《城市绿地分类标准》CJJ/T 85—2017 中区域绿地的定义，这在一定程度上类似于区域绿色空间的概念。在国土空间规划指引下，我国学者也提出城乡绿地系统、城乡绿色空间等概念，不难理解这些概念都突破了以往城市建设用地及城市行政区划的边界限制，虽然其区域角度多限于城乡区域范围，未较多考虑更大、更复杂的区域范围，但也已初步具备区域绿色空间的概念。

在我国多规合一的国土空间规划背景下，区域绿色空间可以认为是：生态空间、城镇空间、农业空间组成的国土空间中，具有自然资源属性，并能提供各类生态系统服务（文化、调节、支持等）的绿色空间的总和，既具有城市绿地的游憩休闲功能，也具有生态空间的保护生物多样性、维护生态安全的功能（王鹏等，2019）。考虑到本书的研究背景和研究对象的性质，书中的区域绿色空间地理范围侧重于城市群、都市圈等跨越行政边界的城市范畴。

1.1.2 区域绿色空间发展

国外对于区域绿色空间的探索始于 19 世纪末，工业化大发展导致规划界学者开始探索城市的发展模式，国外区域绿色空间规划相关发展成果以美国、英国两国为代表，二者具有较为鲜明的差异点。19 世纪末到 20 世纪初，逐渐形成了朴素生态观的思想，其代表性理念为美国景观设计师奥姆斯特德（Frederick Law Olmsted）提出的以区域思想和自然保护为核心的朴素生态观。在这一时期，英国城市规划师霍华德（Ebenezer Howard）在《明日的田园城市》（*Garden Cities of Tomorrow*）中提出田园城市理论，就已经体现了当时在城市建设中协调区域自然环境的愿景。

1）美国区域绿色空间发展

19 世纪 80 年代，奥姆斯特德的美国波士顿及周边区域的公园绿地与道路系统规划被认为是最早、最成功的区域性绿色空间规划。他提出用以连接城市内外不同公园的园林路（Parkway）的构想，并在规划前对区域进行了详细的区域调查（Nijhuis, Jauslin, 2015）。而后，大都市区公园委员会（Metropolitan Park Commission）成立，主要负责波士顿及周边县市跨越行政边界的土地收购及相关事宜，同时包括公园系统、湿地等保护区设立和区域交通系统建设等（Dalbey M，2002），范围涉及波士顿及沿岸地区的38个行政区，面积约60.8km²（Abercrombie P，1923），波士顿及周边区域的公园绿地与道路系统规划使该区域的海岸、河流、公园形成强调游憩功能的绿地体系，这一开端发展起来的区域绿色空间规划主要以自然水域、森林等自然资源和规划设计的公园为载体，以公园系统化和强调游憩功能为特征。

1921年，麦凯提出了著名的阿拉巴契亚山脉3F区域规划方案，提出各州需要按照各自地区所涵盖的自然资源对阿拉巴契亚山区进行开发，并统一规划山道（Trailway）以供徒步行走，在保护山区的自然风景的同时提倡徒步旅行的自然游憩方式。区域规划自20世纪20年代后在美国迅速发展，从区域角度解决了更大城市尺度下的生态环境问题，众多地区和州级政府都做了尝试，同时形成了纽约大都市区、旧金山大都市区等重要区域建设地区。各类区域内的绿色空间规划重视城市与郊区的环境保护，区域公园系统、绿道网络不仅形成了控制城市蔓延的绿色空间限制带，同时也在一定程度上刺激了经济发展与城市建设的繁荣（Martin，1999）。

20世纪30年代受到公园运动和区域规划的影响，出现了建立区域公园系统的热潮。区域公园系统是比城市公园规模更大、范畴更广的公园建设，它包含了城市公园系统及其以外各大区域范围内连续性的大面积自然保护区和风景胜地。区域公园通常由各级政府、区域规划部门进行规划建设，可以分为州级公园（State Park）、国家公园（National Park）、国家游憩区（National Recreation Area）等类型，形成了这一阶段美国区域绿色空间规划的主要内容，为后期国家公园体系及区域绿色基础设施系统的构建奠定基础。20世纪后期，区域绿色基础设施（Green Regional Infrastructure）的概念在美国兴起，美国户外运动委员会建议在大都市区构建绿道网络用来连接城市空间与自然空间，形成具有生态与游憩双重功能的区域绿色基础设施（Horwood，2011）。

纽约及周边地区是20世纪美国区域规划的研究中心，其区域内的绿色空间规划也一直走在前列。20世纪20年代初在纽约区域规划协会（RPA）的主导下完成的曼哈顿岛及周边区域绿色空间的规划，对区域内零散分布的绿色空间进行整合并形成核心地区周边具有向心性的楔形绿地系统，构成如今纽约大都市区的区域生态景观基础

（Johnson，2015）。在区域公园建设兴起时期，RPA 提出纽约及周边地区公园扩展计划，将规划与现状公园、公园道、林荫道结合形成完整的区域系统，这一区域公园系统也会在后文作详细阐述。此后的近 100 年间，随着 RPA 发布了四次纽约大都市区区域总体规划，该地区的区域绿色空间规划实践成果颇丰，包含了规划成果、研究成果、专项报告等，为如今的纽约大都市区的绿色空间建设及区域自然资源协调作出了巨大的贡献。

2）英国等欧洲国家区域绿色空间发展

在现代城市规划发展史上，英国较早开始利用区域和城市规划来引导和管理城市发展。20 世纪初期，以伦敦及周边各郡地区形成的大伦敦地区为代表率先实行绿带法案与绿带政策，在区域外围规划建设环状绿带以控制城市地区建设的蔓延。直至 20 世纪 80 年代，随着相关指引规划政策的完善以及大伦敦地区绿带建设经验的拓展，英国众多地区也完成了绿带规划。进入 21 世纪以来，英国开始在国家层面对区域绿色空间进行规划指引，并发布了相关重要文件，包括开敞空间、运动和娱乐空间规划指引（PPG17）、生物多样性和地质保护申明 (PPS9) 等，以自上而下的强干预手段对不同区域层面的绿色空间规划进行限制与指引，并进一步结合区域层面和地方层面的规划进行协调。

丹麦在 19 世纪开始对大哥本哈根地区（Greater Copenhagen）的绿色结构进行规划建设，大哥本哈根地区包括丹麦首都地区在内的整个东丹麦地区，20 世纪初大哥本哈根地区的规划中提出建立相互联系的绿地和自然公园系统。直至 1928 年哥本哈根规划委员会成立后，正式开始了大哥本哈根地区区域绿色空间的规划，并形成了内部日常游憩功能的绿地系统与外部郊野休闲功能的绿地系统相结合的区域绿色空间系统（Hovedstaden R，2008）。在后续的区域规划及区域绿色空间规划中，逐渐形成了指向城市核心地区的指状楔形绿地系统，包含农业、自然保护、各类休闲游憩用地等，并构建休闲廊道与绿道系统以提升绿地的可达性 (Caspersen 等，2006)。

德国区域自然开放空间的保护思想自 20 世纪 60 年代已经萌芽，并在一定程度上纳入当地区域规划的法定框架中。随后，法兰克福区域规划协会于 20 世纪 90 年代初开始实施区域公园的战略规划，区域连续性的绿色空间结合绿道网络联系区域内绿色开放空间，形成完整区域系统以提升对区域绿色空间的保护与激活。

通过对比不同国家的区域绿色空间发展情况可以看出，美国因其“自由式”的规划体系，导致其区域绿色空间规划在依法编制规划的前提下以多样化的自下而上的规划形式为主，在其发展历程中呈现出与各类、各层级空间规划的衔接和矛盾协调的有序化进程，与之规划体系和发展较为相似的有德国等国家。而英国则具有较强控制力的自上而下的规划层级，同时其自下而上的规划路径在很大程度上起到辅助与补充作用，能够结合国家层面的规划部署形成在地性更强的区域、地方层级的规划。此外，在区域绿色空间的空间结构层面也具有各自的特点，如英国早期以绿带规划为主，具有较为明显的几何特征，然而在历经数十年的发展后，其环状、成片的几何特征也已不复存在。美国、德国等受早期区域公园运动影响而形成区域范围内的公园体系，20 世纪中后期美国还兴起了全国范围内的区域绿道网络建设，对其他国家及现如今的区域绿色空间发展产生较大影响。

3）我国区域绿色空间发展

我国对于区域绿色空间的实践探索始于新中国成立初期，而城市规划主要在改革开放以后开始兴盛，其中区域规划建设的时间也十分短暂，而且绿色空间的规划长期囿于传统的市域绿地系统规划体系，缺乏区域协调，与如今的国土空间规划脱节严重，我国在区域视角下的绿色空间规划思想和实践发展比较缓慢。

新中国成立初期，杭州市政府加大对西湖风景名胜区的建设力度，对其中的多处公园进行新建、改建、扩建。孙筱祥在“西湖十景”花港观鱼公园的基础上，借鉴英国、德国、日本等国造园之精华，继承中国古典园林之传统，以中为主、融贯中西，首创将中国园林传统与民众的休闲需要相结合的现代园林规划模式（郑曦和张晋石，2022）。这是新中国成立以来对于风景名胜区规划设计与景观提升的一次伟大探索，其范式对于全国现代城市区域绿色空间建设产生了深远影响。

北京市同样对区域绿色空间的建设进行了多次探索与尝试，例如北京市第二道绿化隔离区（以下简称“二道绿隔”）。北京是国内首个建立绿化隔离地区的城市。自新中国成立至 20 世纪末，受沙里宁（Eliel Saarinen）“有机疏散”思想的影响，多版北京城市总体规划提出在城市边缘区划定绿化隔离地区，防止城市“摊大饼式”地无序发展。21 世纪以来，二道绿隔正式展开建设工作，2004 版和 2017 版城市总规分别指明了二道绿隔地区的定位和发展方向；在《北京城市总体规划

（2016—2035年）》中，作为市域绿色空间结构“一屏、三环、五河、九楔”中的二道绿隔郊野公园环，发挥着为市民提供宜人的绿色休闲空间的作用。

2019年，国家发展和改革委员会发布《关于培育发展现代化都市圈的指导意见》，明确未来都市圈发展的具体要求及发展规划的编制，并提出都市圈重点领域专项规划的编制。2021年，《中华人民共和国国民经济和社会发展第十四个五年规划和2035年远景目标纲要》中第一次将都市圈与城市群并列写入国家五年发展规划中。2022年1月，上海市人民政府、江苏省人民政府、浙江省人民政府联合印发《上海大都市圈空间协同规划》，提出在生态方面要共保和谐共生的生态绿洲，构建区域一体化的生态建设保护机制，共同加强水污染控制与跨界水体治理，建设京杭大运河、太浦河等10条区域性清水绿廊，共同保护环太湖生态核心，长江、钱塘江、滨海三条生态带，以及多条区域生态廊道等区域重要生态空间。从我国的现实情况来看，区域协同发展背景下的绿色空间规划将备受关注。

我国在区域视角下的绿色空间规划发展有两个关键性的时间段。其一是新版城市绿地系统规划（2017）发布，其中出现“其他绿地”到“区域绿地”的转变，绿色空间规划从城市建设范畴扩展到了城乡区域范畴；其二是国土空间规划出台、城市群都市圈等区域建设兴起，意识到要打破行政边界，以更开阔的区域视野去考虑绿色空间规划的范畴。因此，我国区域绿色空间规划相关研究主要从城乡统筹的区域视角和突破行政边界的区域视角两个方向出发。

一是城乡统筹的区域视角。随着新版城市绿地系统规划对区域绿地作出定义，国内学者开始将绿色空间扩展到城乡区域范围，有了一定程度上的区域视角。张云路等（2020）以国土空间规划体系为指引，从规划路径和规划管控方面提出绿色空间的城乡统筹和可持续发展途径。黄槟铭等（2020）认为从其他绿地转变而来的区域绿地与前者相比，更强调绿地对城乡整体区域的综合效益，并且从其定义变化、现状问题及规划实践来探讨国土背景下的区域绿色空间规划。然而，城乡区域的绿色空间规划能在一定程度上协调城市与乡村地区的自然资源与环境保护，但是仍将范围局限在市域的行政边界内。王鹏等（2019）认为在国土空间用途管控分为城镇、农业、生态三大功能空间的背景下，绿色空间规划需要以更开阔的视角统筹国土空间中的生态资源。

二是突破行政边界的区域视角。受到 20 世纪中后期国外区域规划思想的影响，以及伴随发达国家都市区等区域建设的进行，我国较早就开始了区域规划的研究。但对于区域绿色空间的研究起步很晚，研究也很分散，发展之初是基于国外典型都市区的区域规划研究延伸出来的。石崧和宁越敏（2005）较早意识到随着我国也出现类似欧美国家的都市区这一新的城市区域空间，传统的城市绿地系统因局限在城市市域空间范围内已不适应大都市区可持续发展的需要，因此提出包含更大城市尺度的都市区绿地系统概念，强调生态游憩的双重功能对于都市区空间结构塑造的重要性。之后随着对都市区等区域规划的深入研究，开始有更多学者聚焦在区域绿色空间方面，学习总结国外区域性绿色空间的规划经验。例如，柴舟跃等（2016）研究了德国城市群内区域公园规划发展及特征，并提出对于国内城市群区域绿色开放空间的借鉴意义。

除了借鉴国外区域绿色空间规划经验，对于我国区域绿色空间规划的具体深入研究也开始发展。苏娟（2011）基于长期以来我国区域绿色空间实践基础的研究，总结其发展趋势与现状问题，并提出相关建设策略。这方面的研究在国土空间规划发布以及城市群、都市圈建设兴起的背景下更为突出。越来越多的学者意识到区域间的连续生态网络、开放空间具有重要作用。如侯波（2018）在综合考虑区域范围内各类资源要素基础上，对京津冀城市群区域绿道系统进行规划研究。王甫园和王开泳（2019）通过拓扑网络和社会网络分析对珠三角城市群区域绿道网络进行评估，并以生态游憩为导向进行分布模式优化。杨帆等（2019）总结了长株潭城市群的区域绿色资源协调的现状问题，并提出其与城市发展的耦合优化策略。

近年来，区域绿色空间的概念内涵逐渐开始明确，王鹏等（2019）在国土空间与土地用途管制扩展的背景下，对区域绿色空间的概念进行阐述。总体来说，随着国土空间规划和区域规划建设的发展，我国区域绿色空间规划的研究也正在逐步发展，但目前尚停留在起步阶段，与之相关的跨越行政边界的实践较少。

1.1.3 国际区域绿色空间规划与研究

在城市化进程中，区域绿色空间承载着城市极为重要而特殊的生态安全屏障、农林生产设施和游憩服务等功能。国际上对于区域绿色空间的实践探索众多，本书以英国、法国、日本为例进行说明。

1）英国伦敦环形绿带

18 世纪初，英国率先走入城镇化进程，在百余年的发展中将绿带政策（Green Belt Policy）应用于区域绿色空间规划的实践中。1935 年，大伦敦区域规划委员会（Greater London Regional Planning Committee）建议保留公共开放空间、为居民提供绿色休闲区，这是伦敦环形绿带的起源。1947 年的《城乡规划法》允许地方将绿带建设纳入首要发展计划。1988 年，《绿带规划政策导则》（Plan Policy Guidance 2: Green Belt）指出绿带政策是规划政策的重要组成部分（赵凯茜，姚朋，2020），当下已经规划 14 个独立的绿带，占地面积 15560km^2，约是英格兰面积的 12%；绿带政策的主要目的是缓解不可持续的城市扩张，使可用的土地空间永久开放。2021 年的《大伦敦规划》进一步明确大伦敦地区的绿带与开放空间（图 1-3），防止城市蔓延的同时为伦敦市民提供相应的绿色空间，创建健康城市，使得绿色基础设施与社会需求相适应。

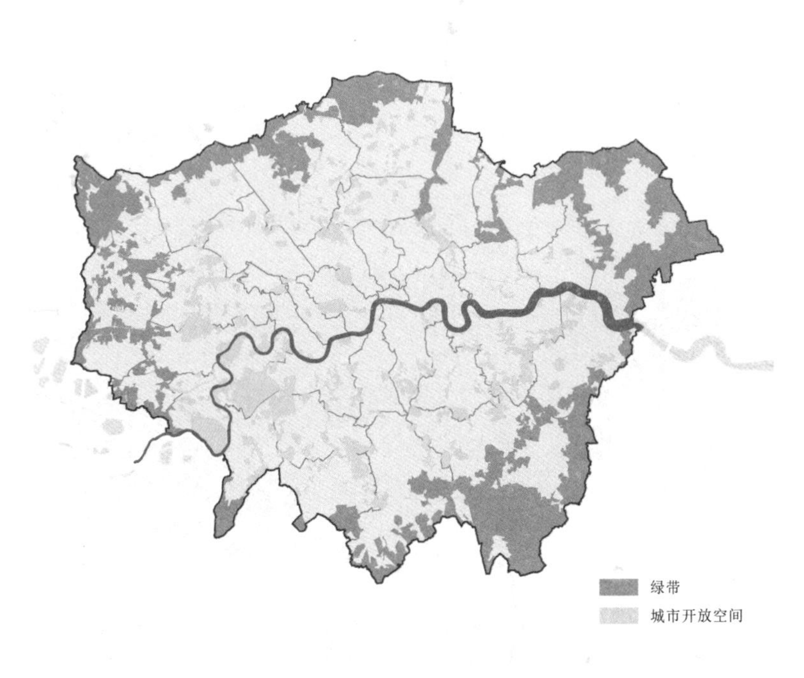

图 1-3　伦敦绿带和城市开放空间

2）法国巴黎环形绿带

19 世纪末，经过工业革命的巴黎快速发展，城市急剧扩张。与其他众多经历了工业革命的重要城市一样，巴黎面临着人口急剧增长、城市交通拥挤、居住环境恶化等问题。在此背景下，巴黎开始从区域尺度规划城市布局（图 1-4）。

1934 年，法国的第一个区域规划《巴黎地区详细规划》（PROST）在城市郊区划定非建设用地以限制城市蔓延，这即为巴黎环形绿带的萌芽。20 世纪 50—60 年代，《巴黎地区国土开发计划》（PARP）和《巴黎地图国土开发与空间组织总体计划》（PADOG）、《巴黎地区城市规划与整治纲要》（SAURP）持续主张重建城市郊区、保护农业用地与乡野绿色空间，进而推动绿地系统布局结构的整体性规划，巴黎城市区域规划从“限制”向“发展”转变（张晓佳，2006）。20 世纪 70 年代以后，《法兰西之岛地区国土开发与城市规划指导纲要》（SDAURIF）、《巴黎大区环形绿带规划》《法兰西之岛地区发展指导纲要》（SDRIF）

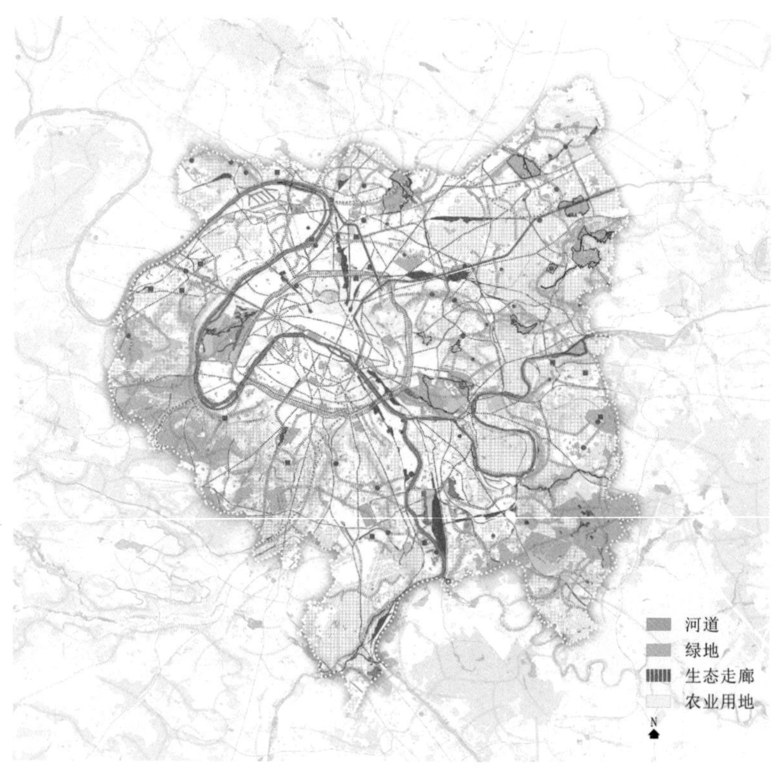

图 1-4　巴黎地区绿带

通过划定“乡村边界”加强对自然空间的保护，从而控制城市边界，使城乡之间能够合理过渡。

3）日本东京都市圈绿带

东京都市圈是以东京为中心的巨型都市圈，广义上的东京都市圈为“一都七县”，即东京都、神奈川县、千叶县、埼玉县、茨城县、栃木县、群马县和山梨县，这是多重尺度聚居区所组成的现代城市体系。20 世纪初，日本人居环境和卫生条件日渐恶化，同时地震频发使得绿地防灾减灾功能逐渐凸显，城市发展面临着环境与自然灾害双重问题。

东京都市圈共经历了 7 版规划，第一版《首都圈基本规划》于 1958 年完成，规划提出在城市建成区周围设置宽 5~10km 的绿带，以应对人口与产业在东京高度聚集的问题，然而实施过程中绿带建设阻力重重，绿带建设进程缓慢。第二版至第五版《首都圈基本规划》建设主张由三级城市结构向多圈层转变，而此时的东京环城绿带已演变为城市绿地镶嵌在城市之中。因此，在当时的时代背景下，东京的都市绿带圈作为试图控制城市扩张的手段是失败的，但在屡次的实践中，部分对于绿色空间的保护措施仍然为城市建设和都市农业发展提供了良好的绿色基础。

1.2 纽约大都市区区域绿色空间规划研究进展

纽约在 20 世纪 20 年代初开始了区域规划的探索。1921 年，纽约及其周边地区区域规划委员会（Committee on the Regional Plan）在罗素 · 赛奇基金会（Russell Sage Foundation）的资助下成立；1929 年，纽约区域规划协会(Regional Plan Association, RPA)正式成立。1931 年，区域规划委员会并入纽约区域规划协会，同时沿用其名称。纽约区域规划协会是一个非营利性的、独立的区域规划组织，其主要工作为针对改善纽约大都市区的经济、环境和生活品质，制定指导该地区发展的长期计划和政策。自 20 世纪 20 年代以来，纽约区域规划协会研究所涉范围不断扩大，已为该地区制定了 4 次区域规划。

1.2.1 纽约大都市区概况

本书空间主体纽约大都市区（New York Metropolitan Area），又被称为纽约–新泽西–康涅狄格大都市区（New York-New Jersey-

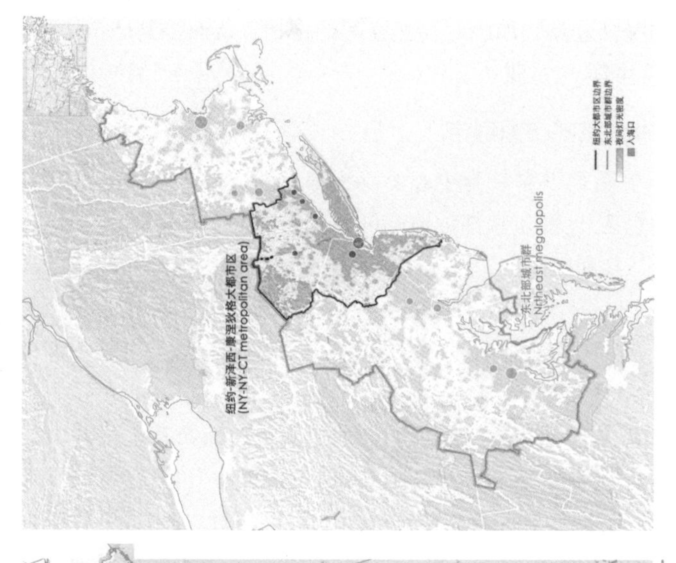

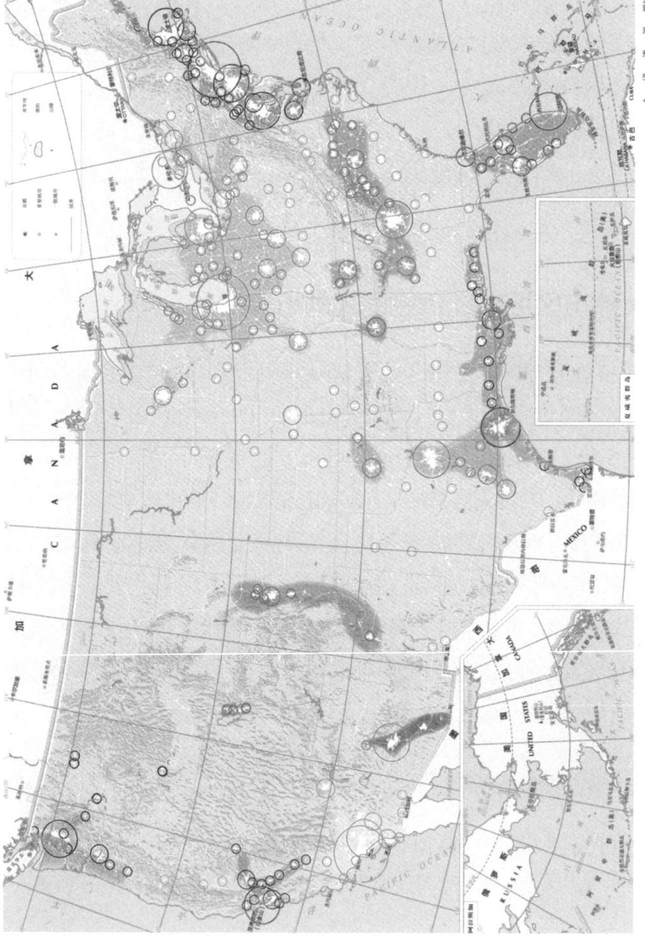

图 1-5　美国东北部城市群及纽约大都市区区位
（来源：底图取自自然资源部官网，专题内容为作者提供）

Connecticut Metropolitan Area，NY-NJ-CT Metropolitan Area）、三州地区（Tri-state Area），属于美国大西洋沿岸东北部城市群（Northeast Megalopolis）核心都市圈之一（图 1-5），包括纽约州（纽约市、长岛地区、哈德逊河谷地区）、新泽西州和康涅狄格州的部分地区，面积约为 33669.8km²（13000 平方英里），包含 31 个县、782 个城镇，拥有 2355 万居民。其范围在 1947 年（22 个县）、1965 年（31 个县）分别扩大了两次，范围演变背景、细况及过程将在第 2 章研究阐述，目前的纽约大都市区共计 31 个相联系的县。因官方及学界多称其为纽约大都市区，本书考虑到行文流畅和阅读便捷性，采用“纽约大都市区”的简称。

1.2.2 相关研究进展

区域规划协会（RPA）在纽约大都市区开展的近 100 年区域规划研究与实践，在该地区产生了很多区域绿色空间相关成果，涉及多个方面。同时，许多学者对 RPA、纽约大都市区的区域规划及区域绿色空间进行了研究，但大部分研究集中在区域总体规划层面。在 2012 年飓风“桑迪”对纽约大都市区产生严重影响后，在区域生态、可持续规划方面的研究逐渐增多。

在区域总体规划及区域合作方面，许多学者对纽约大都市区的形成、历次区域规划的发展与内涵（Bromley，2001；Abbott，2009；Searle 和 Bunker，2010）进行了研究。麦卡锡和陈（McCarthy 和 Chen，2017）从区域规划与合作模式出发，对纽约大都市区与美国、西欧其他都市区进行对比研究。莱特（Wright，2021）认为纽约大都市区是美国其他大都市区的原型，对其独特的自然环境、基础设施网络、社区体系等进行分析，从而提出对该地区未来区域规划的指导性建议。

在区域绿色空间方面，弗洛里斯等（Flores 等，1998）建立以内容、背景、动态、异质性和层次性为 5 个关键指标的现代生态框架，对纽约大都市区的绿色空间系统及其产生的环境效益进行了研究。塞布里乌斯基（Cybriwsky，1999）评估了纽约大都市区新建的公园、其他开放空间及再开发项目的公共景观空间的吸引力，同时研究了该地区的城市公共空间格局的变化。蒙特马约尔和加尔文（Montemayor 和 Calvin，2015）在分析纽约大都市区现状及未来 25 年发展情景的基础上，建立适合该地区的城市空间类型识别方法并运用于第四次纽约大都市区区域规划中。洛布和沃尔伯恩（Loeb 和 Walborn，2018）对 1995—

2013 年纽约大都市区的历史森林景观进行了森林景观调查与森林遗迹保护评估的研究。

区域绿色空间在环境影响下的可持续规划及其相关研究，近年来也越来越多。随着纽约大都市区的海湾地区不断受到极端天气以及气候变暖产生的威胁，越来越多的人开始研究纽约大都市区的弹性规划。比如，高尼茨等（Gornitz 等，2001）基于气候变化情景模拟的海平面上升结果，预测了纽约大都市区海岸带湿地缩减的严重程度并分析了其产生原因的相关性。林恩等（Lynn 等，2009）基于模拟城市热环境的新模型研究大都市地区的热岛效应缓解策略，得出硬质空间材料和街道绿化空间结构方面的优化策略。布雷克和西格尔（Brake 和 Segal，2018）提出在海岸线建立“景观经济区”（Landscape Economic Zone）来替代城市与海岸之间原本的硬质空间以适应海平面上升情况下地区的发展，同时选取了大都市地区 3 个代表性地点的未来情景来验证构想。

国内对纽约大都市区及其区域规划的研究较多，但专门针对纽约大都市区区域性绿色空间的研究很少，在知网搜索扩大关键词选取“纽约大都市区”“纽约都市圈”“纽约都市区”“纽约大都市区规划”“纽约都市区规划”“纽约都市圈规划”，手动筛选城市规划、空间规划、城市治理等与本学科相关的文章，最终共得到有效文献 163 篇。国内对于纽约大都市区规划的研究从 2010 年左右开始逐渐增多，这与当时中国城市化发展逐渐增快有一定的关系。从对文献的关键词时间线分析和关键词共现分析中可以发现，2010 年前国内学者的研究大部分集中在区域规划、城市形态、空间结构、规划思想、政策研究、演化机制等方面，而在 2010 年后对其的研究拓宽出概念界定、比较分析、区域绿道、区域交通战略、区域组织、气候变化、公众参与等方面。从目前研究状况来看，国内学者对纽约大都市区规划方面的研究主要以区域总体规划及其国际经验为主，也有较多学者对其区域规划组织与规划政策进行了研究。同时，近年来对纽约大都市区区域总体规划中某一专一规划层面的深入研究也逐渐增多，但多集中在区域轨道交通方面，对于区域绿色空间方面涉及较少。

在区域总体规划方面，许多学者对纽约大都市区历次区域规划的规划体系、内容特点等进行分析，同时提出对于我国城市群、都市圈规划的启示（杨吾扬，1986；田莉，2012；武廷海，高元，2016；孟美侠等，2019；周恺，2021）；也有学者将纽约大都市区区域规划与世界其他都市圈规划进行对比研究，进而总结其各自特点与国际经验（王鹏，张秀生，2016）。刘亦师（2021）对英国、美国两国重要的区域规划思想与理念的代表学者、发展、实践进行了研究，总结纽约大都市区规划的实践成果并进行了反思。

在规划组织与规划政策方面，研究主要围绕美国纽约区域规划协会这一组织机构展开。张威（2008）从历史学和规划学的角度出发，以20世纪美国及其他资本主义国家的城市化情况、规划思想发展为背景，对美国纽约区域规划协会的成立背景、发展过程及其在20世纪上半叶的实践进行了研究，并探讨其对随后城市发展的影响与贡献。郝思梦（2015）从整合机制的角度出发，对纽约大都市区规划进程中地方政府、私人部门、第三部门之间的联系与合作方式进行了研究，进而得出对我国都市圈规划治理的启示。蔡玉梅等（2017）从美国空间规划体系的发展演变、总体框架、法规体系等方面出发，总结区域规划的运行体系与组织形式。陶希东（2021）明晰了纽约大都市区的界定形式和区域治理的发展演变，同时研究了政府的治理政策及区域规划协会的筹划过程与组织架构，以期对我国都市圈跨界规划治理有所启发。

对于纽约大都市区规划中的专一规划层面，国内学者的研究主要涉及以下几个部分：

一是对轨道交通规划的研究。有较多学者研究了纽约大都市区内市域铁路、区域轨道的规划特征、中心枢纽、区域布局等方面。马祥军（2009）系统分析了美国大都市连绵区及以纽约大都市区为代表的都市圈区域交通一体化规划的特征，认为其注重运输系统整合的同时利用区域交通体系提升资源使用率与环境保护。张沛和王超深（2017）研究了纽约等国外典型大都市区的通勤特征，认为轨道交通模式占据了大部分“向心性”通勤交通。陈君娴和杨家文（2018）从都市区和矩形区域的层面分析了美国区域交通规划的发展，认为其能够推动所在巨型区域的发展。

二是对环境影响和可持续规划的研究。陈伟等（2020）基于美国泛洪区管理体系，研究该区域及纽约市的绿地系统规划中洪涝风险、雨洪调蓄等相关实践经验。蔡文博等（2020）基于湾区生态环境综合评价体系，对纽约湾区及其他三大国际性湾区在生态环境治理、资源保护及利用方面的可持续规划进行研究。丁国胜和付晴（2021）从纽约大都市区及纽约市的区域规划、城市总体规划和专项设计3个层面，总结其中应对气候变化的行动框架和规划实施机制。

三是对自然生态系统及公园、开放空间、社区空间等绿色空间子系统的研究。姜允芳等（2010）从美国绿道网络的总体建设出发，对具有区域性质的绿道建设实例进行研究。王馨羽等（2021）通过聚焦4次区域规划中的绿色空间规划，对其规划背景、核心理念、规划内容进行研究，分析总结了纽约大都市区区域绿色空间规划的演进特点和规律，并探讨了其对我国城市区域绿色空间规划的启示。

四是对住房规划的研究。温雅（2014）梳理了纽约都市圈在国家、区域、城市3个层面的住房规划体系及相关法规体系，认为其在区域规划层面虽对未来住房进行了需求预测，但对于住房指标的细分及宜居性措施方面尚停留在城市与社区层面。

2 纽约大都市区区域规划背景与进程

纽约大都市区形成于20世纪20年代，其形成与发展伴随着美国区域规划发展的成熟。本章将对纽约大都市区这一区域的形成过程及区域规划的萌芽与发展进行阐述，在此基础上，重点研究阐述20世纪20年代以来纽约区域规划协会主导下的区域规划发展。

2.1 区域形成及区域规划的萌芽

荷兰于1624年在哈德逊河口建立贸易点，并称其为新阿姆斯特丹。1664年，英国将其占领后改称为纽约县（即现在的曼哈顿）。英国在这一地区建立若干县，包括纽约县（曼哈顿）、金斯县（布鲁克林）、布朗克斯县（布朗克斯）、里士满县（斯塔顿岛）、皇后县（皇后区）等如今纽约5个区的前身。此后，纽约从殖民地港口城市逐渐繁荣并合并周围地区形成如今的纽约市（New York City），而后持续带动周边地区发展，在20世纪初期形成纽约及其周边地区。纽约及其周边地区是纽约大都市区的前身，探究该地区的形成历史以及规划发展背景对研究纽约大都市区区域规划的历史进程十分重要。

2.1.1 工业化与城市改革时期（19世纪后期—20世纪20年代）

纽约从殖民地时期到20世纪20年代处于传统城市化时期，城市人口超过总人口的50%后基本实现了城市化（王旭，2006）。19世纪后期的纽约虽仍处于传统城市化时期，但资本时代的来临使纽约港发展迅速并与周边地区紧密联系。

1）地方合并与纽约市形成

纽约作为殖民地时期的一个港口城市，在19世纪移民潮与贸易推动下繁荣发展。19世纪后期，美国率先进入工业化与资本主义时期，交通网络与工业文明促进了城市与地区的迅速发展。通往美国内陆城市的运河开凿和铁路交通的运行，使得纽约这一港口城市与美国内陆众多城市及5大湖片区形成联系，随着城市间交通网络的建立发展以及经济文化等的紧密联系，在美国东北部大西洋海岸逐渐形成以纽约为中心城市的核心地区，并影响了周边地区的城市发展。

随着铁路、高架交通的快速发展，纽约周围大量土地持续开发，地区重心持续向哈德逊河以西转移。19 世纪末的纽约县曼哈顿地区和周边地区已经通过桥梁等交通形式紧密联系，与布鲁克林、布朗克斯等地区从初期的跨河相望发展为互相联系的大片地区。在纽约与其周边地区合并形成纽约市的过程中，布鲁克林大桥的建设为其创造了区域交通方面的重要先决条件。此外，城市改革者格林 (Andrew Haswell Green) 也为推动这一过程发挥了极为关键的作用。1897 年《大纽约宪章》（The Great New York Charter）正式将布鲁克林、纽约县（包括曼哈顿和布朗克斯的一部分）、里士满县、皇后县西部合并，形成统一的纽约市（New York City）并由单一政府管辖，使其成为当时世界上最大也最为繁荣的城市之一。

纽约的正式形成与发展得益于纽约港及周边区域的共同努力，纽约在随后快速扩张并带动了周边地区发展。1904 年纽约的地铁系统开始合并运作，交通的快速发展极大提升了地区间通达性。

2）区域视角下早期规划探索

在 19 世纪后期到 20 世纪初期的这段时间，虽仍处于传统城市化阶段，但纽约地区的城市规划方面已有了区域视角的早期探索。

（1）跨越城市边界的公园道系统

19 世纪 70 年代，曼哈顿还未与布鲁克林等周边地区合并成如今的纽约市，奥姆斯特德和中央公园委员会 (Central Park Commission, CPC) 提出建立连接曼哈顿和布鲁克林的主要公园和开放空间的公园道系统，公园道从布鲁克林的纳罗斯海峡沿岸延伸至展望公园（Prospect Park）的环状公园道，连接皇后县的跨河大桥后沿第 59 街的公园地区穿过曼哈顿东侧到达中央公园南部，最后连接哈德逊河谷的河滨公园（Riverside Park）（Roseau，2021）。这一规划的中心思想即在整个城市及周边地区建立以大型公园和公园道相联系的完整体系，成为纽约地区迈向区域环境规划的第一步，这与格林提出合并曼哈顿及周边 4 区形成大纽约地区的想法不谋而合。

纽约市正式合并成立以后，纽约市议会于 1903 年批准成立纽约城市改善协会（New York City Improvement Commission），并于 20 世纪初期实施了奥姆斯特德公园道系统的部分项目（图 2-1）。

（2）纽约港务局成立和港区建设

1914 年巴拿马运河开通后，纽约地区的港口发展迅速，布鲁克林区提出在牙买加海湾（Jamaica Bay）建立港区的提案虽几乎未得到实施，但其最终促成了纽约–新泽西港（Port of New York and New

图 2-1　布鲁克林的海洋公园道
（来源：纽约市公园照片档案馆）

Jersey）的设立和1921年纽约港务局（Port of New York Authority）的成立。纽约港务局作为州际联合组织，其管辖范围包括纽约州及新泽西州的港口区域，主要负责港区规划建设和水路交通设施管护。其对纽约-新泽西港的规划建设虽然在区域范围和建设领域方面有所局限，但跨越州级行政边界的规划行动成为20世纪初期的区域规划雏形，为后续纽约及其周边地区区域规划的制定实施和纽约大都市区的成立奠定了基础。

2.1.2 后工业与大都市区时期（20世纪20年代以后）

20世纪20年代以后，随着人口的增长，美国正式进入大都市区化的城市发展阶段。此时的纽约及其周边地区需要更大的发展空间，并从区域尺度协调现有资源，纽约区域规划协会（RPA）由此成立。

1）美国进入大都市区化的城市发展新阶段

20世纪20年代，美国城市人口超过总人口的50%，人口的大量增长使得城市人口呈现向郊区化转移的趋势，城市规模扩大的同时伴随着其增长模式的转变，美国正式进入大都市区化的城市发展阶段。这一阶段也形成了美国城市化的黄金时代，而中心城市快速发展、城市严重蔓延及乡村状况恶化使得政府和规划者不得不考虑重新对该地区进行整合。随着纽约市的快速发展以及郊区化的蔓延，其同样面临人口与建设用地扩散至周边纽约州、新泽西州及康涅狄格州部分地区的状况。纽约及其周边地区需要向更大区域的范围进行发展，因此面临着高度自治的各地方政府权力难以分割的问题，亟须寻找能平衡区域性公共利益的解决途径。

2）纽约区域规划协会的成立

相较之前各自为政的状况，20世纪20年代新成立的纽约港务局虽然已握有很大职权，但主要负责纽约港及市区建设，并未开展全面细致的调研，因此无法从更宏观的区域角度协调现有资源（Johnson，2015）。

（1）成立背景和组建过程

在上述情形下，由私人基金会赞助，纽约上层社会名流组成非官方的专门委员会，首先对纽约区域开展系统调研。委员会征募了当时美国国内最优秀的一批规划家，并聘用田园城市运动的核心人物昂温（Raymond Unwin）和亚当斯（Thomas Adams）作为顾问。1921年，纽约及其周边地区区域规划委员会（Committee on the Regional Plan）

在罗素·塞奇基金会（Russell Sage Foundation）的支持下初步成立；1929年，纽约区域规划协会（Regional Plan Association，RPA）正式成立。1931年，纽约区域规划委员会并入纽约区域规划协会，同时沿用其名称（图2-2）。

1921年	罗素·塞奇基金会支持查尔斯·诺顿关于开展纽约大都市区规划的设想和建议
1922年	纽约及其周边地区区域规划委员会成立并任命职员
1922—1925年	制定了包括经济、形态、法律和社会状况等方面的4份研究报告
1922年	提出了区域和县人口解决方案并得到政府采纳
1922年	昂温提出重新评价吸收霍华德关于卫星城市或花园城市的规划主张
1923—1925年	提出了开发该大都市区内部6大地理区域的建议和设想
1926—1928年	给官方提交了4个调查报告，制定了6个地区开发的具体计划、方案和建议
1929年	改组为纽约区域规划协会，并第一次着手制定大都市区域规划
1931年	纽约区域规划委员会并入纽约区域规划协会，同时沿用其名称

图2-2　纽约区域规划协会成立与筹划过程

（2）组织框架和职能内容

纽约区域规划协会（RPA）是一个非营利性的、独立的区域规划组织，由董事会、专家委员会以及职能部门组成（图2-3），成员包含政府、企业、学界等各领域的知名人士和专业人员，涉及城市规划、风景园林、社会学等各个学科领域，对环境、土地利用、社会治理等方面进行研究与规划，旨在改善纽约大都市区的经济、环境和社会，并

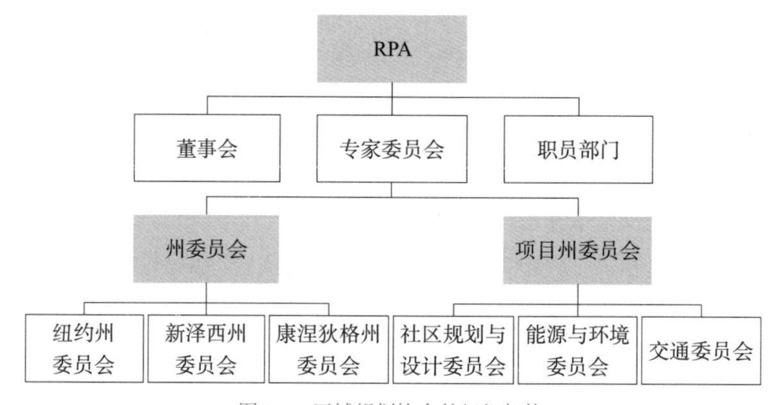

图2-3　区域规划协会的组织架构

为其制定长期计划。自 20 世纪 20 年代以来，RPA 共制定了 4 次区域规划和若干规划研究报告。此外，在规划研究与编制过程中积极发起各类形式的公众参与，如听证会、公开报告会、民意调查等，形成了在世界范围内具有影响力的公众参与规划机制。

2.2 RPA 主导下的纽约大都市区区域规划

从 20 世纪 20 年代至今，RPA 陆续对纽约大都市区实行了 4 次区域规划，涉及 3 个州共 31 个县。随着时代背景变更与社会、经济、技术变革的发展，4 次区域规划的核心规划理念各有侧重，对纽约大都市区的协调发展起到了重要推动作用。

2.2.1 行政区划

美国纽约大都市区（New York Metropolitan Area）包括了纽约州、新泽西州与康涅狄格州的一部分，共计 31 个县、782 个城镇。

20 世纪 20 年代以来，由于时代背景的不断变迁发展，纽约区域规划协会研究涉及的范围前后经历了两次调整扩大。20 年代初期，纽约发展迅速，这一时期的美国城市正式进入大都市区化阶段，纽约大都市区无论在经济、文化、人口等诸多方面得到迅速发展，一跃成为全美最大，且在世界范围内极为繁荣的大都市地区。但与此同时，纽约及其周边地区不经规划的失控扩张以及轨道交通的推进使得城市急速向郊区蔓延，在这一大背景之下催生了 1922 年 RPA 系统性地对纽约及其周边地区开展区域规划工作，在规划开展初期其研究范围是 22 个县。

1947 年，RPA 开始筹划对纽约大都市区的第二次区域规划，研究范围相对第一次区域规划扩大，包含了更大范围的 22 个县。20 世纪 60 年代初，科技的发展使经济愈发繁荣，人口也在迅速膨胀，使得纽约、新泽西、康涅狄格 3 个州的范围仍不断延伸，无序蔓延的城市导致大都市区出现了严重的郊区城市化现象。1965 年，RPA 基于纽约大都市区的发展现状再一次将规划研究范围扩大，即当下的 31 个县，至此区域规划的范围被最终确定下来。1968 年，RPA 制定了第二次区域规划，针对这一阶段的城市问题提出保持中心城区活力并遏制失控的城市化。正是从这一次区域规划开始，研究范围由最初的 22 个县扩大为 31 个县，这也是今后第三、四次纽约大都市区区域规划的完整规划范围（图 2-4、表 2-1）。

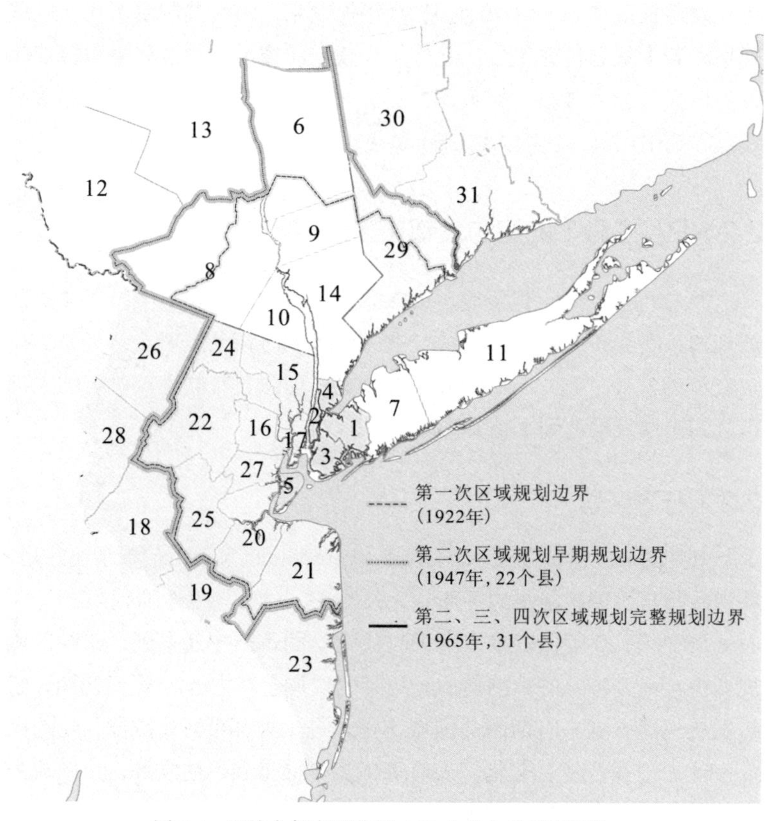

图 2-4　纽约大都市区范围（31 个县）及地理区位
（来源：底图取自自然资源部官网，专题内容为作者提供）
注：图中数字对应表 2-1 内数字所示地区

纽约大都市区内各州的县和市　　**表 2-1**

纽约州	新泽西州	康涅狄格州
1. 皇后区自治市镇（皇后县）	15. 伯根县	29. 费尔菲尔德县
2. 曼哈顿自治市镇（纽约县）	16. 埃塞克斯县	30. 利奇菲尔德县
3. 布鲁克林自治市镇（金斯县）	17. 哈德逊县	31. 纽黑文县
4. 布朗克斯自治市镇（布朗克斯县）	18. 亨特顿县	
5. 斯塔腾岛自治市镇（里士满县）	19. 默瑟县	
6. 达奇斯县	20. 密德萨克斯县	
7. 拿骚县	21. 蒙茅斯县	
8. 橙县	22. 摩里斯县	
9. 普特南县	23. 海洋县	
10. 罗克兰县	24. 帕塞伊克县	
11. 萨福克县	25. 萨默塞特县	
12. 沙利文县	26. 苏塞克斯县	
13. 阿尔斯特县	27. 尤宁县	
14. 韦斯特彻斯特县	28. 沃伦县	

2.2.2 地理特征

纽约大都市区位于北纬 39.51°~42.18°、西经 71.86°~75.99° 之间，属于温带大陆性湿润气候，四季皆宜，冬冷夏热。降水充沛，年均降水量约 820~1100mm，气候舒适。

纽约大都市区位于大西洋西海岸，地形复杂，西北部以高地和山脉为主，最高海拔达 1271m，主要山脉为连接该区域与宾夕法尼亚州的阿巴拉契亚山脉、卡茨基尔山脉、沙旺昆山脉和波科诺山脉等。哈德逊河自北向南从纽约大都市区中部贯穿，流经萨拉托加、特洛伊、金斯顿等城市，最终汇入纽约－新泽西港，哈德逊河是该区域重要通航与河流资源之一。主要林地资源分布在区域的西北部、南端和长岛东侧，包括长岛松林带、新泽西松林带等众多重要的自然景观（图 2-5、图 2-6）。

图 2-5　纽约大都市区自然景观分布
（来源：底图取自自然资源部官网，专题内容为作者提供）

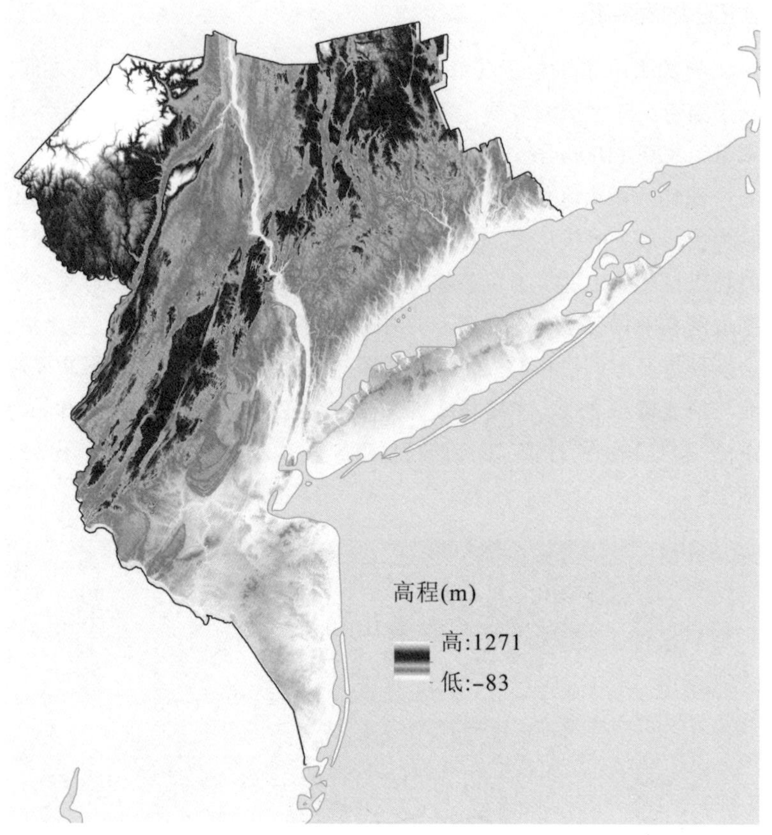

图 2-6　纽约大都市区地貌特征
（来源：底图取自自然资源部官网，专题内容为作者提供）

2.2.3 规划概况

针对不同时代背景，历次区域规划致力于解决环境、经济、社会等诸多方面的问题，并在这一过程中逐渐形成多方合作、公众参与的机制。

1）区域规划与美国空间规划体系的关系

美国作为联邦制国家，在联邦、州和地方各级政府形成三权分立的治理制度，各州具有高度的自治权。相比联邦政府，各州政府对所涉区域和下辖地方政府及组织产生更大影响。美国三权分立和地方自治的政治制度使其形成了以自下而上为主、较为多样自由的空间规划体系，美国空间规划的运行体系在国家层面仅有《美国 2050》（America 2050）这一非联邦主导的战略型研究成果，主要的运行体系分为州战略规划、区域规划、地方综合规划、市镇社区规划 4 个层级[1]（图 2-7）。因美国空间规划体系具有明显的自下而上的特征，联邦政府为了确保地方规划能够符合州级或区域总体目标（蔡玉梅等，2017），通过《政府间合作法案》要求地方政府在申请联邦基金前须征得州级和区域规划部门的同意。

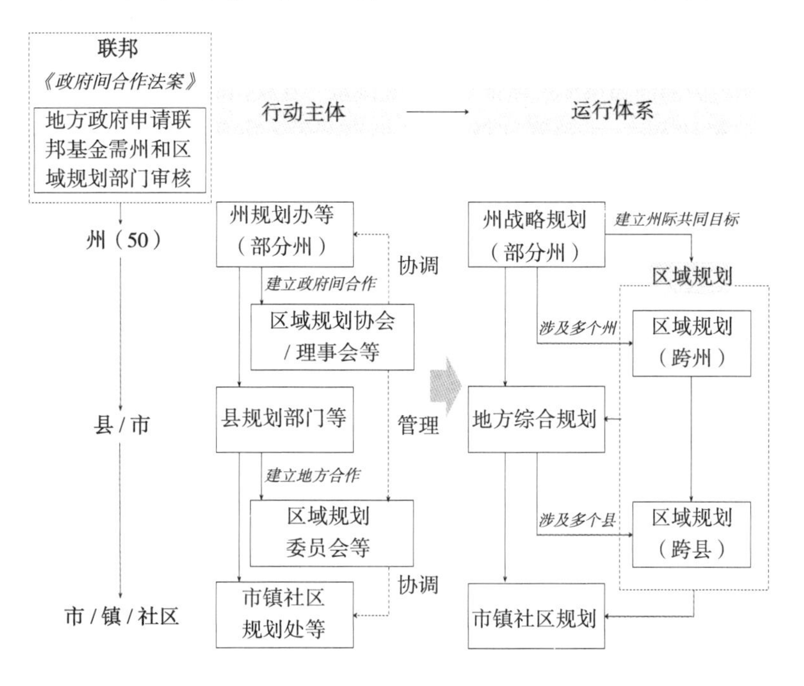

图 2-7　美国空间规划体系

区域规划以解决跨越州界、县界的问题为主，同时包括一些重点区域的规划建设，以及各州和地方性的详细规划编制。为确保州级、区域、地方 3 个层级的规划工作能够相互协调、发挥所长，区域规划部门需要采取审查、监督等途径以协调其他规划层级。

2）纽约大都市区 4 次区域规划发展历程

随着社会、经济的发展和技术的变革，RPA 在 1929 年、1968 年、1996 年、2017 年对纽约大都市区开展了 4 次长期的区域总体规划（表 2-2）。RPA 在其规划过程中总结了 416 份规划研究报告，为区域规划的科学性与精细化提供了稳定支撑，以指导纽约大都市区发展。随着纽约大都市区及其区域规划的发展，RPA 也在这期间不断蓬勃发展壮大，相继经历了早期萌芽、短暂衰落到如今的持续发展壮大（图 2-8）。为行文方便，后文将以 RP1、RP2、RP3、RP4 分别指代 4 次区域规划。

1　美国不同州或区域的规划运行体系有所不同，部分州并未设立州级规划。

纽约大都市区 4 次区域规划概况对比 **表 2-2**

区域规划	发布年份	社会背景	城市问题	核心规划理念	总规划面积	规划地区与人口数量
第一次区域规划（RP1）	1929 年	第一次世界大战后，城市爆炸式发展	区域人口激增，社区及乡村状况恶化	再中心化（Recentralization）	约 1.43 万 km^2（5528 平方英里）	22 个县，约 897 万人口
第二次区域规划（RP2）	1968 年	第二次世界大战后，城市再度繁荣	郊区城市化严重，老城中心衰退，城区与郊区发展分割，城市基础设施缺乏	再集中（Reconcentration）	约 3.30 万 km^2（12750 平方英里）	31 个县，约 1900 万人口
第三次区域规划（RP3）	1996 年	多次经济衰退后，经济增长缓慢，新区域主义、可持续发展理念等兴起	美国国际地位下降，社会问题、环境问题严重，郊区化加剧	经济发展（Economy）；社会公平（Equity）；环境问题（Environment）	约 3.37 万 km^2（13000 平方英里）	31 个县，约 2000 万人口
第四次区域规划（RP4）	2017 年	2008 年金融危机后经济恢复，气候变化成为全球性问题	区域城市基础设施衰败，社会公平问题严峻，欠缺应对自然灾害的弹性	公平（Equity）；健康（Health）；繁荣（Prosperity）；可持续（Sustainability）	约 3.37 万 km^2（13000 平方英里）	31 个县，约 2280 万人口

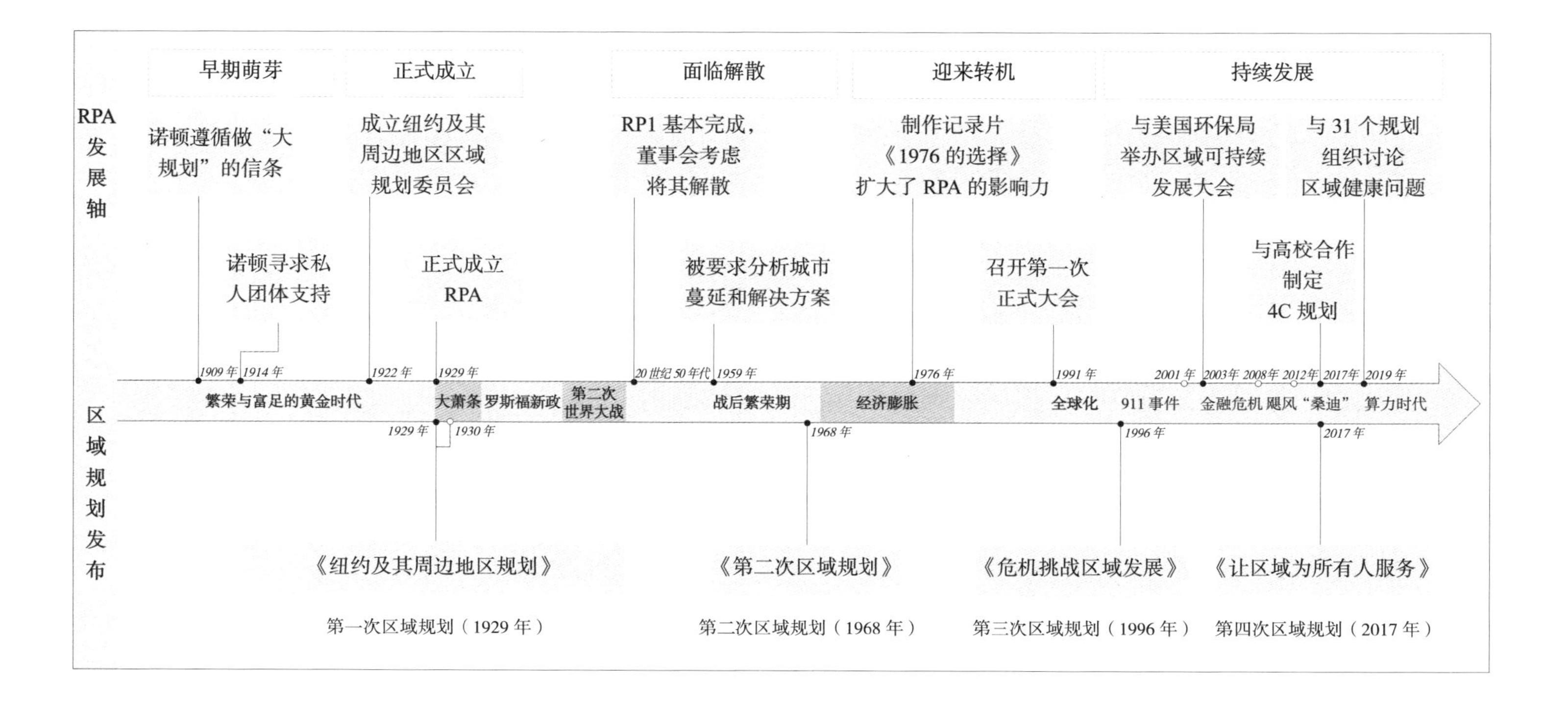

图 2-8 区域规划发布及 RPA 发展时间轴

3）1929年、1968年、1996年、2017年区域规划概述

（1）1929年《纽约及其周边地区规划》

20世纪20年代初，纽约的经济、文化、人口发展迅速，纽约及其周边地区的爆炸式发展在很大程度上是失控而缺乏规划的，轨道交通的发展使得城市急速向郊区蔓延。随着区域规划在美国的兴起，区域规划协会（RPA）提出“纽约大都市区”的概念并在1929年发布第一次区域规划，即《纽约及其周边地区规划》（Regional Plan of New York and Its Environs）。第一次区域规划的核心规划理念为“再中心化”（Recentralization）。该次区域规划建立了较完善的交通和公园网络，使区域范围内22个县共享重要的经济、运输和开放空间系统。随后RPA分别在1932年、1936年、1942年发布了3次进展报告《从规划到现实》，以评估规划实施情况。随着美国经过经济大萧条时期（1929—1933年）以及第二次世界大战，RP1的影响力逐渐减弱。《纽约及其周边地区规划》作为纽约大都市区第一次区域规划，是城市规划领域的一项重大进步。以往的城市规划通常集中在个别城市，而不是包括许多城市中心和跨越州界的地区。

（2）1968年《第二次区域规划》

20世纪50年代的纽约大都市区经历了第二次世界大战后再度繁荣时期，科技革命的推动也促使区域经济高速发展。20世纪60年代初，纽约、康涅狄格、新泽西三州的范围在大都市区内持续扩散，中心城市严重衰落，纽约大都市区出现严重城市蔓延所导致的郊区城市化。RPA在1968年制定了第二次区域规划（The Second Regional Plan），将其规划区域从22个县扩展到31个县，同时考虑了该地区不断扩大的边界中自然资源的管理。第二次区域规划的核心规划理念为“再集中”（Reconcentration），其中心内容是保护开放空间，建设多中心体系，保持中心城区活力并遏制失控的城市化。RP2由一系列报告组成，包括哈佛大学研究小组在20世纪50年代后期与RPA共同写作的规划研究卷在内，共计出版了10卷。该次区域规划主要从总体格局、住房、贫困、自然环境和交通5个方面提出了策略。同时，RPA在研究与撰写第二次区域规划过程中拓宽了公众参与的概念，其采用的公众参与方法最终成为美国乃至世界各地制定规划的典范。

（3）1996年《危机挑战区域发展》

20世纪后期，区域规划在欧美更多国家兴起并发展，美国的区域规划也进入“新区域主义”时期。不同学科领域的新理念极大地影响

了这一时期的规划理论及实践，致使可持续发展、社会公平、环境治理等理念成为20世纪90年代区域规划的核心内容。随着经济大萧条后长达50年的发展，大都市地区的环境与社会公平问题日益严重，其发展可持续性与国际地位受到威胁。1996年，RPA发布第三次区域规划，即《危机挑战区域发展》（A Region at Risk）。规划提出“3E计划”（图2-9），即通过投资与政策来重建大都市地区的经济（Economy）、环境（Environment）和公平（Equity）。RPA从绿地（Greensward）、中心（Centers）、机动性（Mobility）、劳动力（Workforce）和管治（Governance）5个方面提出策略。

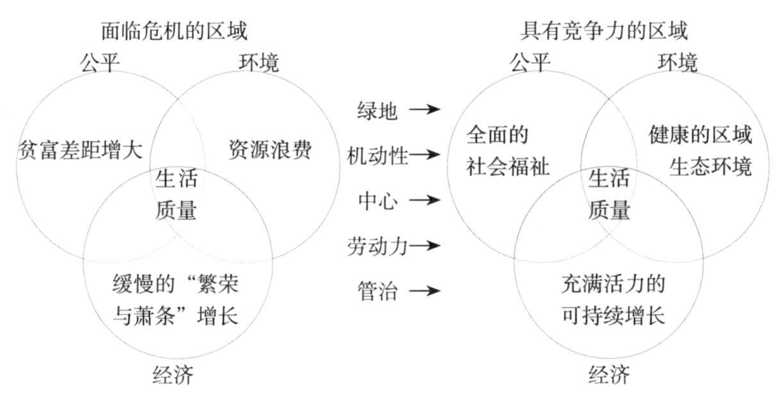

图2-9 第三次区域规划三大总体目标

（4）2017年《让区域为所有人服务》

2008年金融危机之后，纽约大都市区的经济逐步得到恢复。而21世纪以来的飓风、风暴潮等极端天气以及全球性变暖导致的海平面上升揭露了纽约大都市区的脆弱性，应对气候变化威胁成为新世纪该区域亟须面对的难题之一。第四次区域规划（以下简称RP4）于2017年发布，该次规划以区域转型为核心规划理念，融入人人享有、健康城市、韧性城市等思想理念，以公平（Equity）、繁荣（Prosperity）、健康（Health）、可持续（Sustainability）为核心价值观并提出61条相关建议，其规划内容包含机构治理、交通网络、环境韧性、地区宜居性等多方面。

2.3 本章小结

1898年纽约港与周边地区的合并形成了如今的纽约市，从某种意义上来说，纽约市的形成就是区域思想的初步实现。19世纪后半期至

20 世纪初推动该地区发展的关键人物有奥姆斯特德和格林、摩西、诺顿等人，主要影响组织有纽约港务局和区域规划协会（RPA）；20 世纪早期以来，RPA 成为区域规划的主导，在 20 世纪 20 年代初进行了纽约及周边地区规划，成为第一次大区域统筹的规划，同时也促成了如今纽约大都市区的形成。此后，RPA 从纽约大都市区的社会、环境和经济三方面继续进行区域规划实践的探索。

纵观纽约大都市区从 20 世纪 20 年代至今的区域规划发展，其规划内容丰富且体系庞大，使纽约大都市区的城市发展实现了从单中心到多层级、多中心的转变，形成了从保护到构建人与自然共生的关系，满足公平、宜居、健康等多方面的社会福祉，同时合作关系也逐渐形成了多方合作、公众参与的机制。

从区域规划的总体视角来看，对纽约大都市区的形成、区域规划的雏形及成熟发展进行研究为后续区域绿色空间规划在区域背景、社会问题、上位目标等方面的研究奠定了基础。

3

纽约大都市区
区域绿色空间规划内容

纽约大都市区于 20 世纪 20 年代正式形成，成立至今，该区域的规划行动主体一直为纽约区域规划协会（RPA）。本章为纽约大都市区区域规划中绿色空间规划的规划内容研究，以区域总体规划为背景，基于对其中 4 次区域绿色空间规划的深入研读，总结其总体发展、成果体系、空间层次。

3.1 区域绿色空间规划总述

近 100 年来，RPA 在纽约大都市区致力于环境、社会、经济协同的区域发展，从早期至今一直注重绿色空间规划，其内容涵盖了绿色空间价值评估、绿色基础设施建设等诸多方面。

3.1.1 总体发展

绿色空间是区域总体规划的一部分，区域绿色空间规划的发展也受到了不同的环境问题、社会需求、思想理论等影响，规划主题与核心内容特征也随之发生变化（图 3-1）。

RPA 进行纽约大都市区区域绿色空间相关的研究及规划时，自始至终保持其对当下面临的社会需求及环境问题的回应，同时遵循每一次区域规划的总体理念及目标。RP1 的核心规划理念为“再中心化”，因此该次绿色空间规划建立了较完善的公园网络，使其与区域交通结合成为区域范围内 22 个县共享的开放空间系统，协同土地利用，从而实现大片自然区域的保护；RP2 的核心规划理念为“再集中”，其绿色空间规划通过对自然开放空间的系统性保护来遏制失控的城市蔓延，同时试图应对城市地区开放空间的需求以保持中心城区活力；RP3 提出重建纽约大都市区的经济、环境和公平这一总体目标，因此该次绿色空间规划重点关注生态环境的重建，形成更完整的区域绿色系统；RP4 以区域转型为起点，提出公平、繁荣、健康、可持续 4 个核心价值观，故绿色空间规划集中在提升自然系统韧性与健康宜居性方面。总而言之，纽约大都市区的区域绿色空间规划实践，真正将绿色空间规划融入社会、经济、环境各方面，使之成为与总体空间规划联系紧密的重要部分。

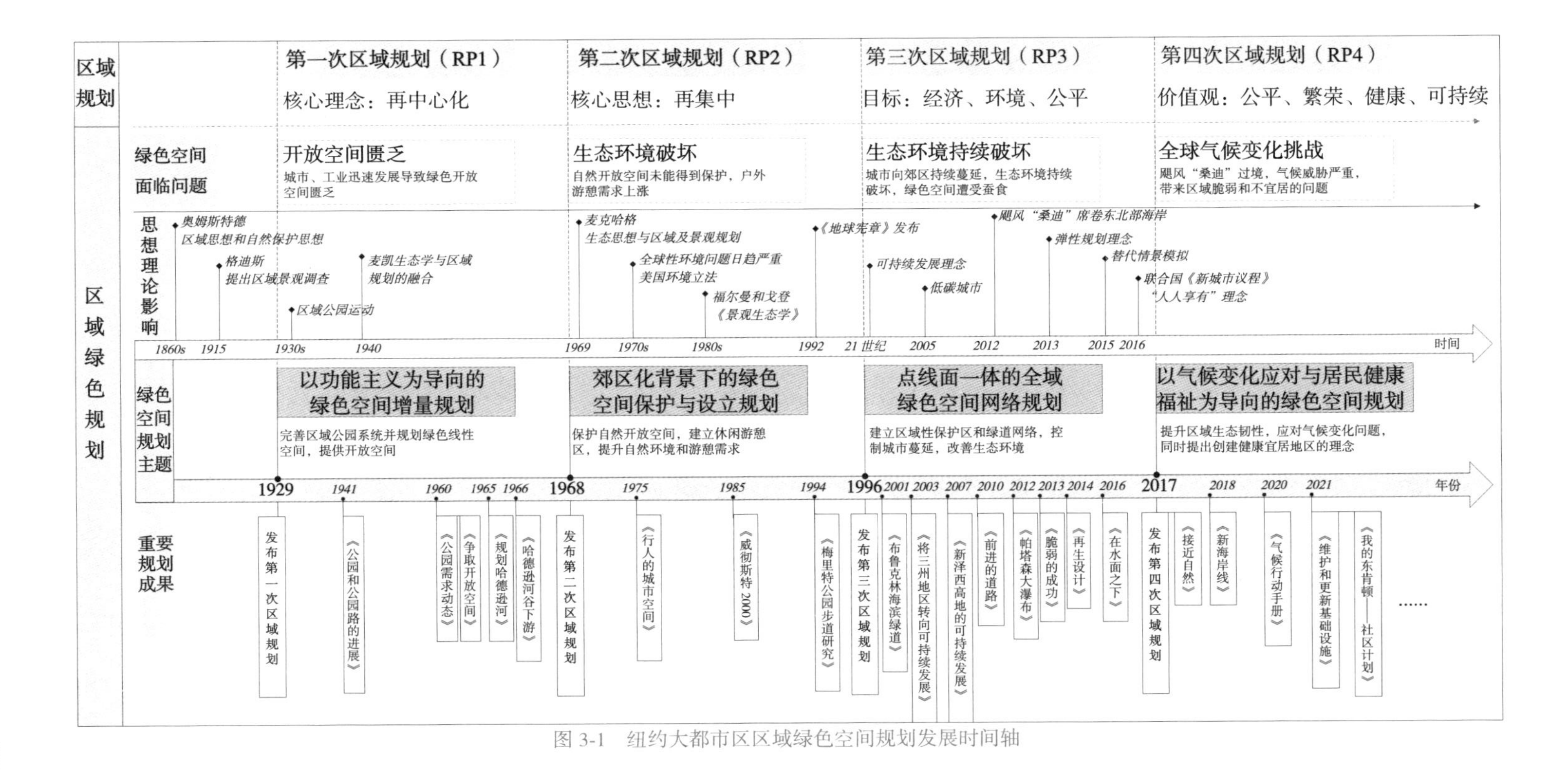

图 3-1　纽约大都市区区域绿色空间规划发展时间轴

3.1.2 成果体系

1）区域总体规划中的不同章节和专项规划部分

在前两次区域规划中，绿色空间规划呈现在各分卷规划中。其中在 RP1 中较为分散，分布在公共娱乐、交通、土地利用各部分；在 RP2 中则较为集中，呈现在“规划研究”和“规划内容”的第 6 章这两部分；在 RP3 中则在“绿地策略”（The Greenward Campaign）中集中呈现；RP4 共有 4 个研究方向，其中区域绿色空间规划集中呈现在“迎接气候变化的挑战”和“让区域对所有人宜居”2 个研究方向中（表 3-1）。

2）规划研究报告部分

RPA 进行纽约大都市区区域规划至今，共发布研究报告 416 份[1]，其研究领域分为住房及邻里规划（Housing and Neighborhood Planning）、交通（Transportation）、能源与环境（Energy and Environment）和城市管理（Governance）4 类，各类研究领域中均涉及区域绿色空间规划相关的研究报告，经本书系统整理共计 116 份[2]。

通过对研究报告的研读分析，本书将区域绿色空间规划相关的研究报告总结为政策咨询、评估预测、战略性地区规划、空间规划、规划工具 5 个类型（表 3-2）。

在 RPA 不同的区域规划研究领域，其绿色空间规划侧重点有所不同。区域绿色空间规划相关内容主要在能源与环境研究领域呈现，包括对于区域自然生态系统的保护以及绿色可持续性的城市环境的营造。在住房及邻里规划研究领域中，绿色空间规划主要为街区公共空间规划以及社区公园规划，并将其纳入区域绿色空间系统中考虑。在交通和城市管理的研究领域中，区域绿色空间规划不是主要内容，交通研究领域将线性的绿色空间规划与区域交通网络和城市公共交通导向开发（Transit-Oriented Development, TOD）结合，使交通规划成为实现地区发展、气候适应性改善及环境可持续的一种途径；城市管理研究领域对整个大都市地区的宏观分析以及管理对策的前瞻性研判，并采取多主体参与等途径来实现更具人本主义的区域绿色空间规划。

同时，本书依据历次区域规划启动规划研究伊始、制定规划及实施规划的时间发展，将 1922—2021 年纽约大都市区区域绿色空间规划工作划分为 RP1 研究与实施期间（1922—1960 年）、RP2 研究与实施期间（1960—1991 年）、RP3 研究与实施期间（1991—2013 年）、RP4

1　数据统计除去各次区域规划发布报告，时间截至 2022 年 12 月。
2　具体报告及概要见附录：RPA 区域绿色空间规划相关研究报告简介及时间表。

区域总体规划中绿色空间规划所处部分 表 3-1

区域总体规划成果	发布年份	绿色空间规划部分	
		一级部分	二级部分
RP1《纽约及其周边地区规划》	1929	区域调查卷 V	公共娱乐（Public Recreation）
		区域规划卷 I	交通：公园道和林荫道（Parkways and Boulevards） 土地利用：开放空间（Open Development Areas）
		区域规划卷 II	不同地区重建契机：各地方规划建议中的绿色空间相关规划（OPPORTUNITIES IN REBUILDING: Relevant plans for green space under various local plan proposals）
RP2《第二次区域规划》	1968	公园、游憩和开放空间的研究（Park，Recreation and Open Space Study）	
		自然与设计（Nature and Design）	
RP3《危机挑战区域发展》	1996	绿地策略（The Greensward Campaign）	
RP4《让区域为所有人服务》	2017	迎接气候变化的挑战	保护沿海人口稠密地区免受风浪与洪水侵袭（Protect densely populated communities along the coast from storms and flooding）； 从无法保护的地方过渡（Transition away from places that can't be protected）； 在梅多兰兹建立国家公园（Establish a national park in the Meadowlands）； 确定区域海岸屏障的成本和收益（Determine the costs and benefits of a regional surge barrier）； 恢复该地区的海港和河口（Restore the region's harbor and estuaries）； 让我们的社区降温（Cool our communities）； 优先保护土地以适应不断变化的气候（Prioritize the protection of land to help adapt to a changing climate）； 创建三州绿色路径网络（Create a tri-state trail network）
		让区域对所有人都宜居	重置未充分利用的郊区环境（Remake underutilized auto-dependent landscapes）； 将环境负担重的社区变成健康社区（Turn environmentally burdened neighborhoods into healthy communities）； 扩大和改善城市核心的公共空间（Expand and improve public space in the urban core）

表 3-2

区域绿色空间规划相关研究报告分类

类型	说明	备注
政策咨询	区划发布出版； 管理、资金、法规、合作、财政等方面的解读和建议； 规划方法、指标、制度等的制定	如《新泽西高地转移发展的经济学》《景观：在东北大区域建立伙伴关系》等
评估预测	现状评估、规划实施进展评估； 规划研究评估及预测（绿色空间各类价值评估、气候等环境风险评估、模拟预测等）	如《滨水区价值研究草案》《长岛海峡威胁评估》《该地区的健康状况》等
战略性地区规划	①城市群、城市绵延带等更大区域范围的战略性规划，包括大区域景观保护、区域绿色走廊、绿色基础设施等； ②具有代表性与战略性的各州 / 县 / 市 / 社区层面的总体规划，绿色空间规划作为部分或起主导作用	如《佛罗里达州 7 号国道 / 美国 441 号可持续走廊研究》《重塑东北部城市群》《景观：改善东北大区域的保护实践》《可持续纽瓦克》等
空间规划	包括区域内总体 / 各类绿色空间规划，如区域 / 地区绿道规划、区域自然景观保护规划以及滨水区、国家公园、社区绿色空间等各尺度的绿色空间规划	如《规划哈德逊河》《新泽西高地的可持续发展》《接近自然》《新海岸线》等
规划工具	为规划者、专业人士、政府部门、公众等提供的绿色空间规划相关的技术手册、指标评估分析工具、交互式在线平台等	如《弹性城市工具包》《哈德逊中游可持续发展和精明增长工具包》《更好的城镇工具包》等

研究与实施期间（2013—2021 年）四个时期，由图 3-2 可知，绿色空间规划相关研究报告在 RP3 期间数量激增到 64 份，远超过 RP1、RP2 期间发布量总和，而 RPA 自 2013 年宣布启动第四次区域规划之后至 2021 年仅 8 年时间，便已发布多达 38 份区域绿色空间规划相关的研究报告。

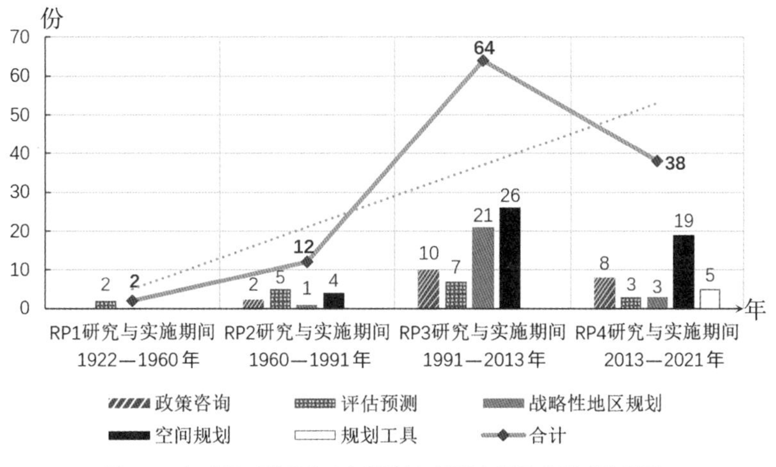

图 3-2　各时期区域绿色空间规划相关研究报告分类型统计图

由此可见，20 世纪后期，随着全球生态环境持续恶化，RPA 进一步意识到区域绿色空间对生态环境的重要性，其 21 世纪的环境观念深受《地球宪章》的发布、景观生态学等思想理论的影响。一方面，美国在 20 世纪 70 年代的国家环境立法政策也逐渐见效，进一步促进了这一时期以来 RPA 在该区域对绿色空间规划的重视。另一方面，20 世纪末随着地理信息科学和计算机技术的发展，也在一定程度上为 RPA 进行区域绿色空间规划研究提供了方法与工具的革新。2012 年飓风“桑迪”过境纽约大都市区海岸一带，为该区域带来严重灾害与威胁，因此 RP4 时期的绿色空间规划研究工作更为频繁，更多关注区域生态韧性的提升，如基于对该区域生态风险评估、构建弹性方案的环境协同效益及弹性绩效指标（RPA，2013）等。

图 3-3 显示了绿色空间规划的相关研究不仅关注整个三州区域，同时关注区域内各州、地区层面的协调发展，体现绿色空间规划在不同区域尺度的研究及规划对象、内容的异质性，如纽约-康涅狄格州的长岛海峡地区、纽约-新泽西州的高地松林地带。进入 21 世纪以来，RPA 发布了《21 世纪基础设施愿景》《景观：改善东北大区域的保护实践》等具有国家层面影响力的研究报告，这一趋势一方面象征着纽

约大都市区影响力的上升和 RPA 绿色空间规划工作的较好实施；另一方面也反映出其区域视野的进一步扩大，将纽约大都市区区域绿色空间深度融入美国东北部大西洋沿岸城市群的大区域生态系统中。

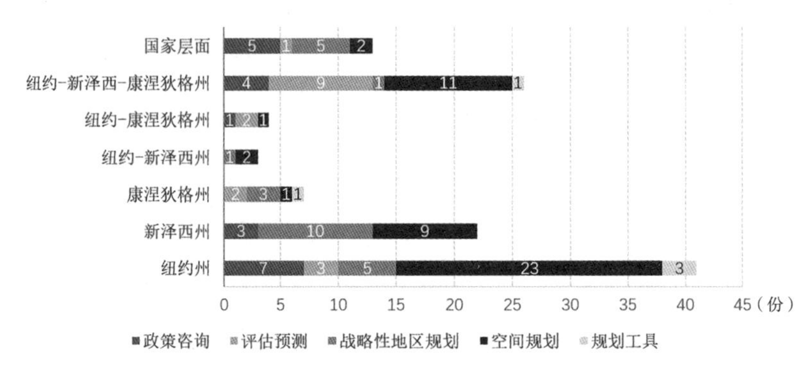

图 3-3　不同区域层面各类型区域绿色空间规划相关研究报告统计图

3.1.3 空间层次

作为纽约大都市区区域规划的一部分，区域绿色空间规划在总体规划和区域发展的目标指引下进行。由于其规划范围具有跨越行政边界的特殊性，区域绿色空间规划的空间层次包括行政边界和地理边界两个类型：以行政边界来看，包括州际、州级、地方级（县 / 市 / 镇）和地方级（社区）等；以地理边界来看，包括区域自然空间（受保护和未受保护）、绿道网络和城市开放空间（图 3-4）。

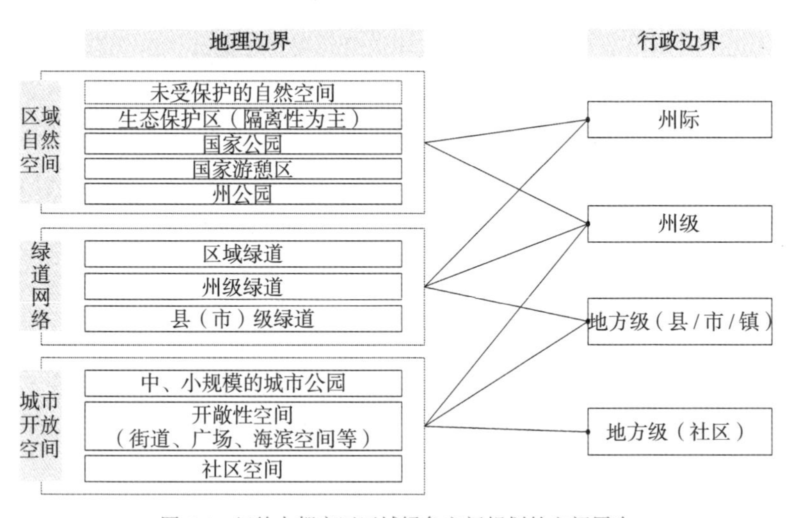

图 3-4　纽约大都市区区域绿色空间规划的空间层次

3.2 第一次区域规划（1929 年）：以功能主义为导向的绿色空间增量规划

19 世纪以来的城市生物学将开放空间视为城市的肺，城市改革者普遍意识到城市绿色开放空间的重要性，20 世纪初的纽约大都市区工业发展迅速，随之而来的弊端是密集发展的地区几乎无法提供大面积的开放空间。尤其是作为中心地区的纽约市，在 1926 年其每英亩公园土地占有人高达 601 人，为波士顿的近 3 倍（GLP，1932）。纽约大都市区灰色、拥挤的工业地区与郊区的绿色开放空间形成鲜明对比，致使 20 世纪 20 年代的规划者为开放空间注入了道德属性：绿色开放空间益于精神振奋和身体健康。20 世纪初的区域规划中，绿色开放空间主要被定义为城市和城市生活的延伸，并且将其在与周围环境相适应的前提下进行等级划分，如小城市游乐场或公园、大都市边缘的大型区域公园等，其重点是对土地的使用而非保护，展开的区域调查也集中在娱乐休闲用途。此外，开放空间对地区吸引力和土地价值的提升也成为 RPA 主要规划者亚当斯等人的重要考虑因素。

RP1 的区域绿色空间规划层面主要可以总结为完善区域公园系统、规划区域绿色线性空间、明确功能性半开放空间三个特征。虽然其强调绿色空间面积增量与游憩功能，但其区域公园计划首次将绿色开放空间作为一个区域性系统来考虑，为后续规划拓展了视野。

3.2.1 完善区域公园系统功能

RP1 的区域公园系统规划将公园及风景道（如公园道、林荫道）作为核心，并优先实施重点内容（表 3-3）。亚当斯基于公园分布平衡性、公园可达性、滨水公园游憩性、庭院及屋顶的创造性使用等前置原则，形成了纽约大都市地区公园系统的总体规划（GLP，1928）。同时，通过收购土地的方式形成边缘区的森林保留地，结合风景道的绿色网络，首次将分散式的绿地形成楔形绿色空间体系。其规划的独特优势在于将现有与拟建的公园、公园道和林荫道进行协调，形成一个完整统一的区域系统（图 3-5）。不同于该时期英国等其他国家实施的城市边缘区绿带政策，该计划实施的绿色空间不仅有效控制了城市的蔓延，还通过绿色空间与交通提升了区域范围内不同地区的联系性。

表 3-3

区域公园系统规划重点优先实施项目

绿色空间类型	重点优先实施内容	
公园道和林荫道（Parkways and Boulevards）	（1）修建一条穿过长岛中上段的公园道，连接拿骚大街和纽约市规划的中央公园道，并延伸到整个长岛至半空心山，向南环绕贝尔蒙特公园和南部州立公园道	
	（2）滨河公园道的建设	①桑德河（Saddle River）；②帕塞伊克河（Passaic River）；③哈肯萨克河上游（Upper Hackensack River）；④拉里坦河（Raritan River）；⑤从哈德逊河大桥沿帕利塞兹到斯帕基尔的公园道建设
	（3）从哈钦森河（Hutchinson River）公园道通过费尔菲尔德县到布里奇波特的威彻斯特县公园系统延伸	
公园（Parks）	（1）纽约市发达地区开发完整的公园和游乐场项目，包括在东河群岛为休闲公园分配区域	
	（2）纽约市部分行政区的公园系统扩展	①在毗邻牙买加湾的土地和岛屿上进一步扩展布鲁克林的公园区； ②增加皇后区的公园面积，以满足人口需求增长； ③收购斯塔腾岛的一个大型中央公园以及海湾沿岸的海滨公园
	（3）收购帕利塞兹顶部区域以补充帕利塞兹州际公园； （4）收购纽瓦克和哈肯萨克草地以及纽瓦克湾临街的土地； （5）将部分山脉区域、帕塞伊克和奥兰治的湖区建造为郊野公园与森林； （6）延伸东北部的熊山公园； （7）建设从拉里坦河到大西洋海岸的公园和公园道系统； （8）保护长岛南部的海湾和浅水湾，并修建狭窄的公园道	

注：表格内容整理自“纽约及其周边地区规划”。

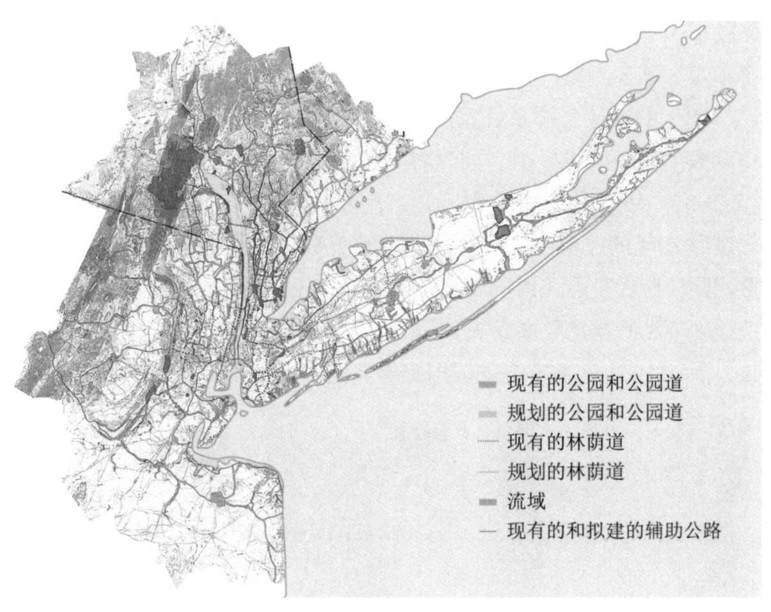

图 3-5　区域公园系统总体规划图
（来源：底图取自自然资源部官网，专题内容为作者提供）

1）规划风景道

这一时期，作为区域公园系统重要组成部分的公园道、林荫道具有 3 个特征：①提供重要的娱乐价值，如进行骑马、踏青及野餐等娱乐活动；②确保区域景观的连续性，避免被高速公路系统破坏；③作为连接大型郊野公园与人口稠密的区域中心的纽带。从规划的从属意义上来看，公园道与林荫道同时构成了公园系统和交通系统的重要组成部分。

2）扩展区域公园体系

区域公园系统的另一主要部分是扩展该地区的公园体系，包括城市周边地区公园及纽约市内公园两大类型。各类型依据其功能又可分为紧凑型公园区（Compact Park Areas）和带状公园（Ribbon Parks）两类，其中带状公园是潜在的风景道，通常为沿区域道路周边而建的公园。

城市周边公园的规划只涉及大型公园，从桑迪岬半岛开始直至长岛，共规划了 26 个紧凑型公园区和 29 个带状公园。选址多为高地、山脉、海滨、草甸等自然风光较佳的区域，其用途多考虑游憩功能及对周边土地的增值作用。在少数待规划公园地区（如哈肯萨克草甸、帕特森以南地区等）设立保护区与游憩区的划分以降低土地开发的危害。而纽约市内公园由于可开发土地匮乏的制约因素，其公园面积大多较小，集中在 1.5~5km²，主要为 28 个紧凑型公园区，带状公园仅 5 个，其选址多为靠近海湾、风景道及城市自然条件较好的地区。

RP1 的区域公园系统重点提议建立连接帕利塞兹公园和哈德逊大桥、熊山公园的风景道，同时将其公园范围延伸至帕利塞兹顶部区域（表 3-3）。1933 年，小约翰 · D. 洛克菲勒（John D. Rockefeller Jr）提议按照 RP1 的建议将帕利塞兹顶部的 265 英亩主要土地转让给帕利塞兹州际公园委员会（Palisades Interstate Park Commission, PIPC），保护该地区罕见的自然悬崖景观，扩充为如今广阔的公园保护区域（图 3-6），该公园于 1965 年被定为美国国家历史地标（Binnewies，2022）。

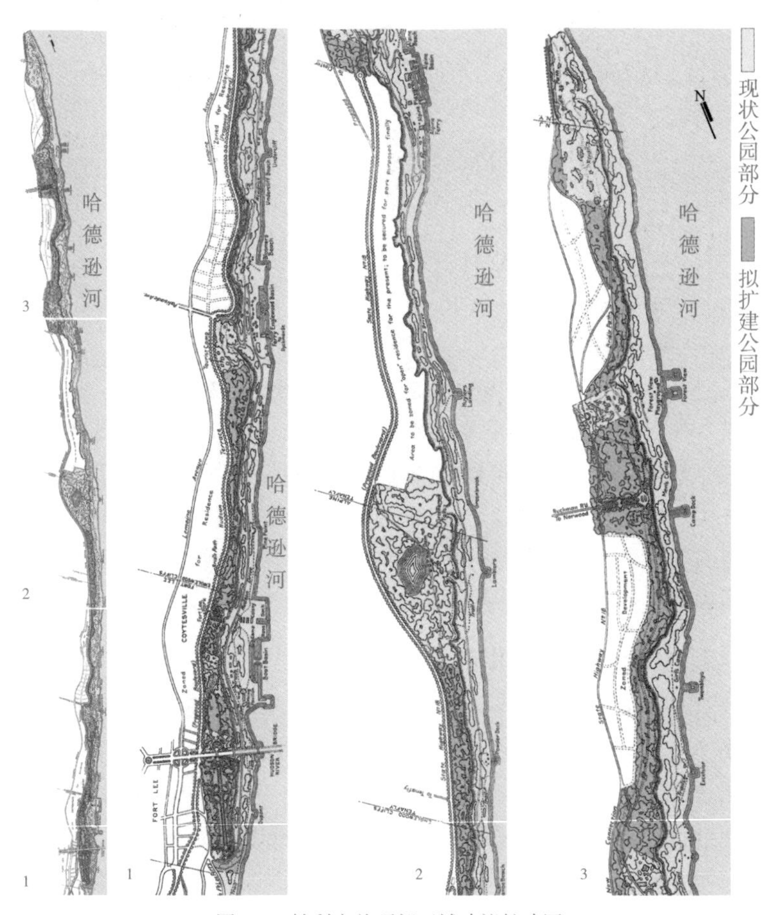

图 3-6　帕利塞兹顶部区域建议扩建图

3.2.2 规划区域绿色线性空间

RP1 的区域绿色线性空间除了区域公园系统中的风景道（公园道

和林荫道）以外，还包括马道和远足小径、海岸线空间这些更具游憩功能的线性空间。

1）规划马道和远足小径

这一类空间的设置能够有效减少对公路上行驶汽车的干扰，同时提供便利的娱乐活动设施。一方面，城市内部公园的骑行道应与郊区的骑行道连接拓展；另一方面，远足小径应该规划在边缘区郊野公园内、风景道旁以及连接公园系统的高速公路旁。区域内规划了四个马道和远足小径系统，其中最为重要的是连接中心城区与熊山公园（Bear Mountain Park）的远足小径系统，它连接了熊山公园、中央公园、范科特兰公园（Van Cortlandt Park）、哈德逊河公园、现有以及规划的风景道，使得城市地区通往边缘区郊野公园的途径突破了铁路、公路和水路的传统形式（图 3-7）。马道、远足小径系统与现有以及规划的风景道及公园内部的游步道相连接，共同形成极具游憩功能的区域绿色线性空间。

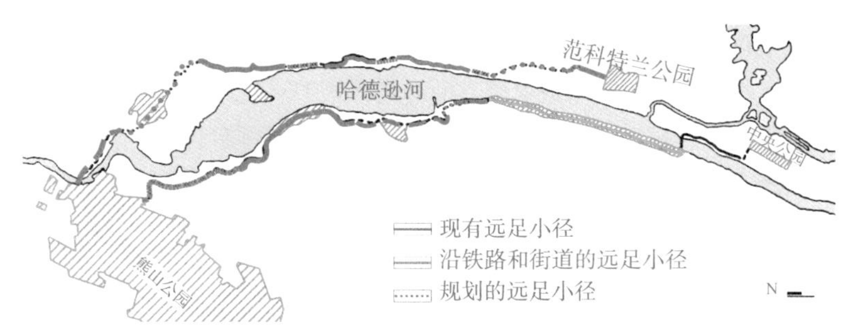

图 3-7　通往熊山公园的两条远足小径规划

2）提升海岸与滨水线性空间的开放性与自然吸引力

这一时期的纽约大都市区拥有近 2900km 的海岸线，包括纽约州的曼哈顿岛、长岛和斯塔腾岛三个大岛以及新泽西州的大片海湾、河岸等滨水地带。实现其海岸和滨水空间的娱乐价值、商业价值的前提，是消除或减少水域的污染，因此对海岸和海滩的保护尤为重要。RP1 对海滩的保护主要有两个途径：①保护毗邻的海滩和高地地区，以使毗邻的土地和周围社区发挥最佳的经济价值；②通过填海造陆来防止侵蚀和扩大土地面积。

滨水线性空间沿城市至海岸梯度被划分为城市淹没地区、邻近城市地区和偏远未开发地区。其中偏远未开发地区的海滨资源成为规划重点，规划提议政府控制并将其转变为向公众开放的城市边缘区郊野公园；城市淹没地区将规划夏季的居住与游憩功能，同时对更为中心的淹没地区进行填海造陆以形成商业、办公及游憩多功能的城市开放空间；而邻近城市地区的海滩所有权大多被私人控制，难以协调规划成本与私人利益，因此未能实现公共开放空间的规划。

3.2.3 明确功能性半开放空间

RPA 在本次区域绿色空间规划中还对已有的半开放空间（Semi-public Open Space）的数量及类型进行了统计，包括高尔夫球场、陵园、大型庄园等。这一类型空间的共同特点是除了一部分用作各类功能建设用地，它们能提供大量的城市开放空间。功能性半开放空间在区域规划中的作用主要包括：①提供公共空间；②具有未来的游憩潜力；③对人口流动与分配有一定影响；④具有提升社区美感与秩序的价值。

对于不同类型的半开放空间，RPA 建议采取不同的公园化措施（表 3-4），其中由于陵园的特殊性质，对其公园化改造仅作为满足公共空间迫切需求的最后手段。该次规划对私有土地转变为绿色开放空间的提议，一部分由于土地成本、农场主利益、征用权等原因限制而失败。在绿色开放空间数量匮乏的时代背景下，纽约大都市区的部分公用土地虽被允许赋予私有制，但 RPA 提议政府颁布法令要求其在一定程度上向公众开放并提供游憩功能，从而使得区域的人均绿色开放空间面积得以提升。

各类型半开放空间建议采取的措施 **表 3-4**

类型	建议采取的措施
高尔夫球场	①将部分高尔夫俱乐部转移到郊区，并将原场地改建为公园； ②为毗邻社区的高尔夫球场增加开放空间面积
陵园	①将陵园以与公园相似的形式布置以减少令人反感的特征，如限制纪念碑的面积与竖立高度以种植更多的乔灌木，使其更具公园化特征； ②在未来可以考虑将其改造为宁静而具有吸引力的公园
大型庄园	①部分私人大型庄园转变性质成为半开放空间，提供半封闭式公园对周边居民开放； ②在大型庄园周边规划景观，为路人和乡间自驾游提供公园般的环境； ③鼓励私人庄园主开展私人公园设计和私有土地自然景观保护

3.3 第二次区域规划（1968 年）：郊区化背景下的绿色空间保护与设立规划

20 世纪 60 年代，与生态环境相关的研究开始进入社会各界及公众视野。随着美国国会众多环境法案 5F 的通过，同时在联邦、州、区域、地方形成各层次的环境政策控制体系，这一时期的区域规划也产生了环境保护的新价值取向。规划者意识到通过跨行政范围的途径分析解决环境问题的重要性，试图将环境保护规划作为区域规划的专题之一（Levy，2009）。第二次世界大战后城市的再度繁荣使得纽约、康涅狄格、新泽西三州在大都市区内持续扩散，城市向郊区无序蔓延的趋势使纽约大都市区面临区域自然资源无法协调、绿色开放空间丧失两大问题。

城市建设占用的土地量增长与人们户外游憩需求的上升使得满足社会发展对公园和其他开放空间的需求成为这一时期的绿色空间规划的主要挑战（Clawson，1960）。随着规划范围从 22 个县扩展为 31 个县，RP2 的绿色空间规划需要纳入早期大都市区边界周围的乡村和荒野地区，同时考虑该地区不断扩大的边界中自然资源的管理。RP2 的绿色空间规划基于 RPA 与哈佛大学研究团队的 4 项与公园、游憩活动和开放空间相关的规划研究（表 3-5），其中《争取开放空间》是最终的规划报告。

1960 年开展的公园、游憩活动和开放空间相关研究　　表 3-5

规划研究项目	主要内容
《开放空间法》（The Law of Open Space）	在纽约大都市区获取或以其他方式保留开放空间的相关法律问题
《公园的动态需求》（The Dynamics of Park Demand）	纽约大都市区和国家在当前和未来对公园、游憩活动和开放空间的需求
《大都市区中的自然》（Nature in the Metropolis）	纽约大都市区的自然资源多样性以及重要保护范围
《争取开放空间》（The Race for Open Space）	公园、游憩活动和开放空间研究的最终报告

在上述研究项目的基础上，遵循 RP2 总体规划中 5 项主要策略之一的自然保护和公园建设，RP2 的绿色空间规划（图 3-8）主要关注区域绿色空间的生态保护、休闲游憩及社区宜居三大价值。绿色空间根据其用途可分为保护用地（Conservation Land）、游憩用地（Recreation Land）、住宅区开放空间（Residential Open Space）3 种类型（表 3-6），同时具有多种价值。RP2 的区域绿色空间规划主要从绿色空间的自然保护与游憩需求置入、住宅区绿色开放空间的设立与规划两方面出发。

此外，RPA 首次将纽约大都市区置于美国东北部大西洋沿岸城市群中考虑，对纽约大都市区范围外区域（波士顿和华盛顿之间的大西洋东海岸）提供了部分绿色空间规划建议，如沿西部山脉建设约 26000km² 的阿巴拉契亚公园系统、对近 260km 的海滨沿线进行保护规划以及沿主要河流建设更多公园等。

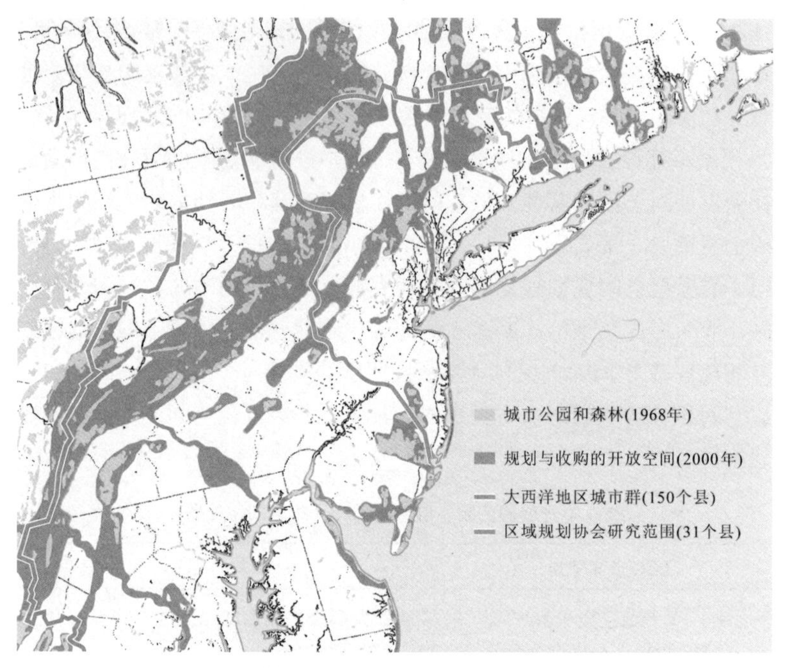

图 3-8　第二次区域规划绿色开放空间规划图
（来源：底图取自自然资源部官网，专题内容为作者提供）

保护用地、游憩用地、住宅区开放空间的主要功能特征　　表 3-6

绿色空间类型	主要功能特征
保护用地	•以生态保护需求为主，如生物多样性维持、水源保护、净化空气等； •具有自然游憩功能，如自然教育等
游憩用地	•强调人的使用与享受，同时满足自然保护的要求； •为各类游憩活动提供场所，如亲水、远足、观鸟、探索、独处等； •提供促进身心健康的场所
住宅区开放空间	•提升社区的绿色宜居性，促进身心健康； •关注日照及空气流通，确保开放空间的安静和隐私

3.3.1 绿色空间的自然保护与游憩需求置入

该次区域绿色空间规划重申了对自然景观保护的重视，创建联邦、州、地区的公共公园、私人公园和自然保护区，以防止城市蔓延，并保护关键的游憩空间和自然景观，规划同时建议了各级政府的协调与实施分工（图 3-9）。

图 3-9 区域绿色空间规划中联邦、区域、地区（州、县、市）各级分工框架

1）自然开放空间的系统性保护

RP2 对自然景观的保护分为两部分：一方面，划定具有极高生态价值的自然景观，设立保护用地，这一类型用地包含湿地、河流泛洪区、暴雨蓄水区、野生动植物保护区等，对防洪、供水、防治虫害和大气污染、保护农渔业资源、维持生物多样性等方面不可或缺（William，1960）。保护用地强调生态保护，以防止未开发的自然空间被城市发展所吞噬，同时在环境低影响的片区提供自然教育与自然游憩的功能。另一方面，部分受人类活动干扰较小的自然开放空间被纳入游憩用地，将在保护其自然景观的前提下赋予其更多游憩功能。

2）绿色空间的游憩需求置入

为应对随着社会发展和人口迅速上升而日益增长的游憩需求，RPA

对1985年该地区公园总体需求进行研究确定（表3-7），为地方和县级公园制定标准，并根据预测结果为区域内现有公园提出具体建议。

1958年该地区现有公共公园面积和1985年拟建公园的总面积　　表3-7

类型	现有面积（km²）	建设规划总面积（km²）
市政公园（Municipal Parks）	259	725
县立公园（County Parks）	104	1062
州立公园（State Parks）	388	1191
合计	751	2978

注：1 表中现有公共公园面积不包括风景道，包括州内森林、渔业和狩猎用地。
　　2 表中市政公园包括该地区11km²的联邦公园。

RP2设立游憩用地以满足人的使用和享受以及为各类娱乐活动提供场地，并强调其在开发的同时必须兼顾自然保护。游憩用地分为地方游憩区（Local Recreation Areas）和全天候游憩区（All-day Recreation Areas），前者多为规模较小的市政公用，分布在靠近城市中心或人口较为密集区，如社区附近的游园、体育公园和小型公园等，提供日常便捷的休闲游憩场所；后者为市民提供短途、远途（距离中心地区约2小时）的全天郊游，满足野餐、划船、狩猎、自然研究等更多活动。全天候游憩区以自然风光秀丽的山脉、海岸等自然资源为基础形成广泛的区域吸引力，多包含县立公园和州立公园，依据其等级和需求预测划定可达范围总体面积和人均面积标准（Clawson，1960）。

3.3.2 住宅区绿色开放空间的设立与规划

除上述类型用地以外，规划建议设立住宅区开放空间，使居住环境更加舒适方便。这类用地涵盖屋顶、阳台及建筑集群可用的户外区域，规划要求每个县和社区为其住宅区制定自己的住宅开放空间规划。

对于人口稠密的城市和城郊地区，为避免社区空间的浪费，在设立住宅区开放空间时建议遵循以下原则：①开放空间可用性。避免设立的开放空间被汽车停放、送货区等占据，保证户外活动和休闲游憩的充足空间。②建筑集中性。调整住宅的均匀间距使其适当集中分布，避免开放空间碎片化，使社区及其周边获得更广阔的游憩空间。③设计灵活性。避免单一的空间划分，形成不同尺度的多样性开放空间，以满足隐私安静、互动交流的不同功能类型。除上述原则以外，在进行新的土地细分政策地区的住宅区，在规划之初便需要分配一定百分比的社区公园及开放空间，并将未被细分的土地用作永久性开放空间。

3.4 第三次区域规划（1996 年）：点线面一体的全域绿色基础设施网络规划

20 世纪 90 年代，RP2 绿色开放空间保护规划取得良好效应，社会各界意识到区域自然资源保护和城市开放空间的重要性。尽管如此，城市郊区化的趋势在这一时期更为显著，纽约大都市区的持续蔓延和土地消耗使得环境恶化加剧。一方面，纽约大都市区等繁荣地区长期处于资源消耗型发展模式，这导致了全球范围内的气候变暖、生物多样性脆弱、自然资源衰退等后果（Hill，1994），森林、湿地等被建设用地侵占，生物栖息地、风景资源、农业资源等资源丧失，区域生态系统的自然进程被扰乱进而导致洪涝、热岛、污染等更复杂的环境问题；另一方面，城市地区的绿色空间也处于持续丧失、亟待改善的情形。

随着这一时期可持续发展、环境治理等理念的兴起，RPA 直面纽约大都市区的环境问题，将环境保护作为三大综合目标之一。同时，RP3 的绿色空间规划以“绿地策略”（The Greensward Campaign）形式体现（图 3-10），成为区域总体规划的五个重要组成部分之一，将区域绿色空间规划上升到了新高度。“绿地”策略试图通过绿色空间解决环境和城市发展的问题，通过城市绿地、大型区域自然保护区及其连接形成联系更为紧密、绿色空间更具异质性的区域绿色系统。

区域绿色系统通过纽约大都市区的三类关键景观特征构成：①大都市区核心的城市地区绿地（多为侧重使用功能、高度管理的公园用地）；②前城市腹地大片完整的自然景观；③贯穿城市、郊区和农村、社区的绿色空间走廊。这一系统将保证区域内的森林、水域、农田等绿色基础设施得到永久保护，并确保城市未来增长的绿色容量，鼓励资源高效利用型的发展模式。本次绿色空间规划主要包括建立区域性保护区、再投资城市公共空间和构建区域绿道网络三方面内容，同时在区域层面制定相关政策及长期总体行动以加强管控与推进（图 3-11）。

3.4.1 建立区域性保护区

本次规划的核心是建立区域性保护区，需要依据景观特征评估进行重点保护区划分，并进行土地利用与自然资源管理的区域协调。

1）重点保护区划定

RPA 首先确定了 11 个重点保护区，各州将实施相应的景观保护规划框架（图 3-12），确保区域内关键生态系统的稳定和可

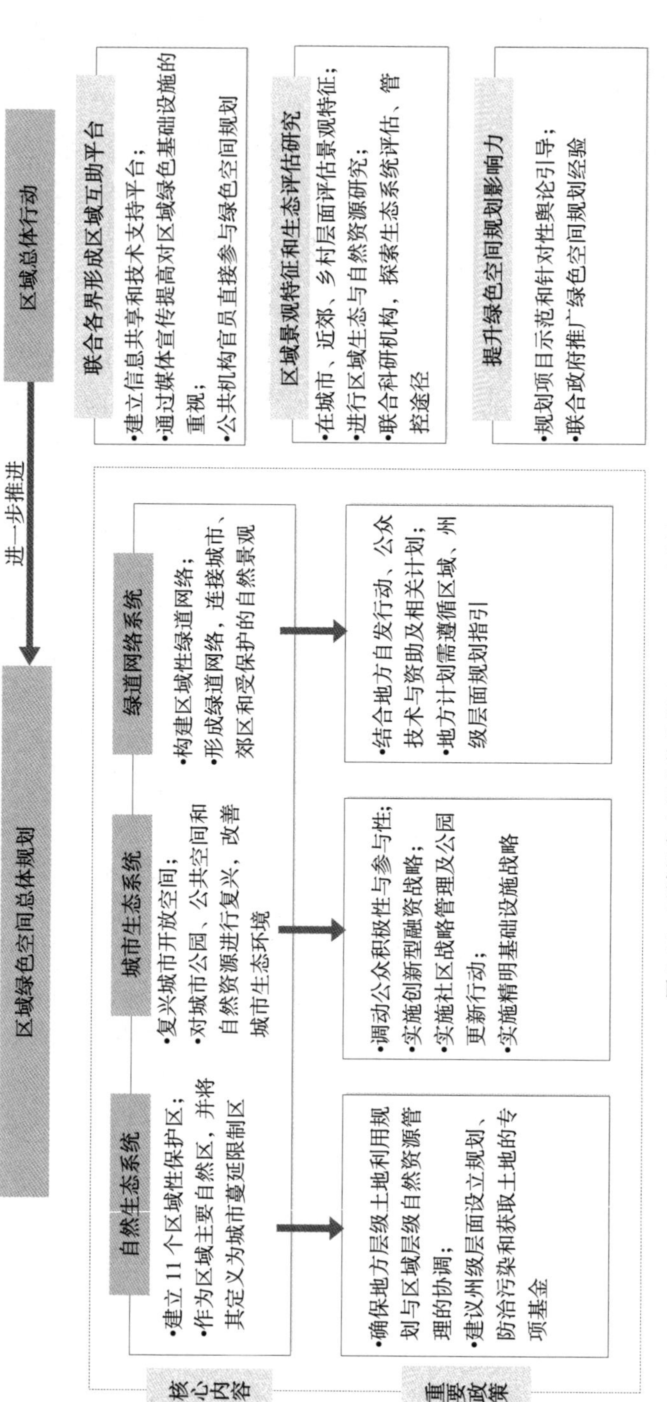

图 3-10　区域绿色空间总体规划（Greensward）框架

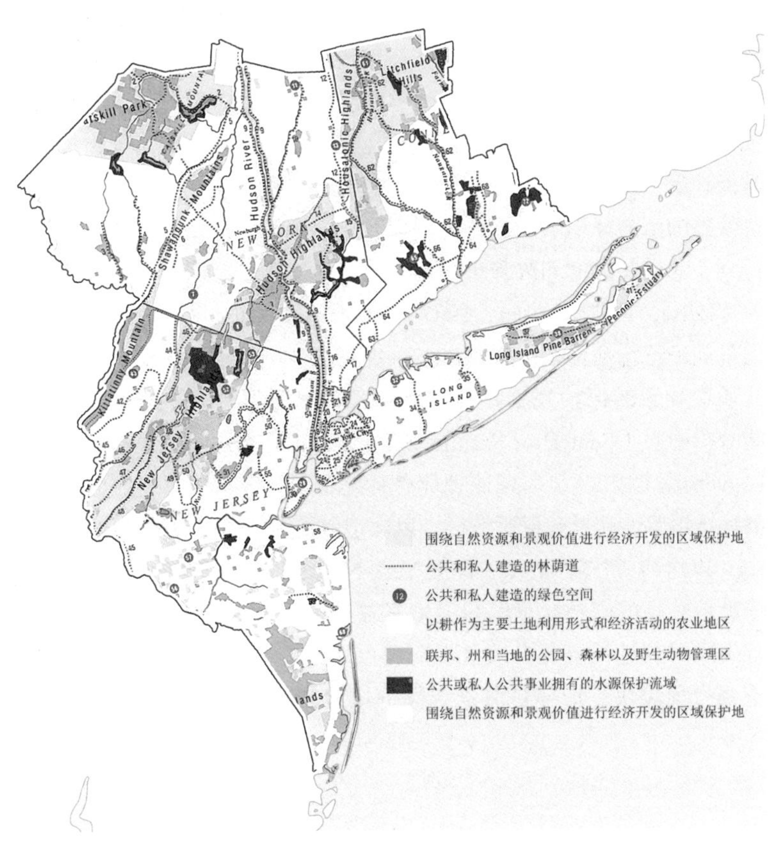

图 3-11 大都市区绿地规划总图
（来源：底图取自自然资源部官网，专题内容为作者提供）

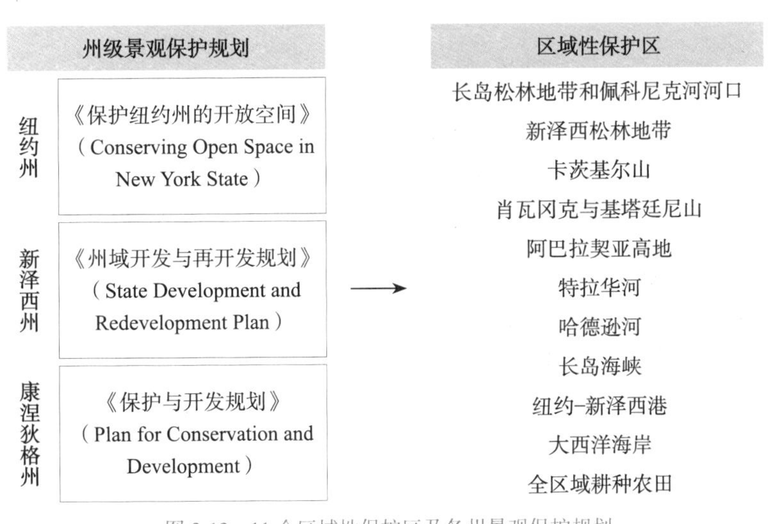

图 3-12 11 个区域性保护区及各州景观保护规划

持续的环境效益。确立的保护区涵盖区域内大面积的连续森林覆盖、生产性农田、独特的自然地貌特征以及重要的水系和水域，是纽约大都市地区陆地及水生生态系统的重要组成。RPA 对其进行系统性保护规划不仅仅是预留自然空间形成该地区的主要自然片区，更为重要的是保护这一庞大自然系统及其生态过程，使自然景观产生观赏、游憩价值外的生态环境效益：①控制和防止土壤侵蚀；②缓解和消除空气污染；③调节温度和改善小气候；④增强美感和提供野生动物栖息地等（Harte，1997；Meyer，1997）。对于不同保护区需要对其特殊自然景观进行特征识别、建立自然景观资源名单，区分开发限制和景观异质性导致的保护规划差异。对此，RPA 联合罗格斯大学遥感和空间分析中心（Center for Remote Sensing and Spatial Analysis of Rutgers University, CRSSA）应用地理信息系统和景观生态学原理评估该区域的环境敏感性和景观资源特征，以确定保护区的范围和优先级。

以纽约-新泽西高地（New York-New Jersey Highlands）为例，由于高地独特的森林、草原和生境资源导致其生态系统的高度异质性，首先应对其进行重要自然景观资源再划分（图 3-13）；其次评估识别重要生境斑块，指导自然景观保护规划的分区、细分规划控制（图 3-14）。

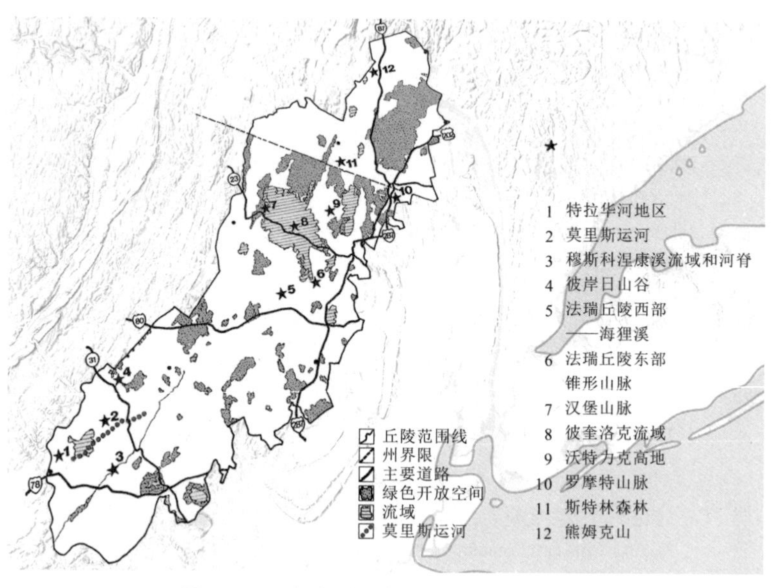

图 3-13　纽约-新泽西高地自然景观资源分布
（来源：底图取自自然资源部官网，专题内容为作者提供）

图 3-14　纽约-新泽西州高地 10 个连续森林覆盖斑块
（来源：底图取自自然资源部官网，专题内容为作者提供）

2）土地利用与区域自然资源管理的协调

由于区域性保护区面积较大，其建立、规划及管理往往涉及多个地方政府与管理政策，需要维持区域与地方控制之间的平衡。区域组织通常拥有更多的资金和充分的技术力量，区域性保护区的水资源、景观资源、生物资源和其他自然资源等以区域层面管控为最佳，然而在其过程中往往离不开地方层面保护工作的积极性以及土地利用管理权的保证。

因此，规划提议保护工作需协调土地利用与区域自然资源管理，地方政府需依据州规划框架制定规章制度，同时 RPA 就区域协调和资金筹集提出三个政策方向的建议以促进上述工作的进行（图 3-15）。

各级合作

- 成立区域保护区委员会，包括州级机构和地方控制型机构；
- 采用州域规划机制，实行区域-地方“双向认可程序”；
- 签订区域-地方合作协议，监督、协调地方政府实现区域目标；

……

资金投入

- 开发权转让计划的应用和其他新型保护区融资技术；
- 三州持续推进土地收购计划；
- 申请联邦土地与水源保护基金；
- 合理分配已有税收；

……

税收征收

- 额外增收保护区饮用水使用费用；
- 对保护区附近房产增收附加费；
- 对保护区开发建造项目（如旅馆）增收税收；
- 对影响自然景观价值的广告牌征税；

……

图 3-15　区域协调与资金筹集的三个政策方向建议

3.4.2 复兴城市开放空间

从生态、社会和经济的角度看，该区域的绿色空间具有缓解空气污染、创造游憩机会、美化人居环境、促进社区凝聚力、减少噪声、为野生动物提供栖息地等重要作用，是区域生态系统的重要组成部分（Flores，1998）。因此，该次区域绿色空间规划不仅强调对原生自然生态系统的保护，也注重并着力于城市生态系统的改善，并且对城市公园、公共空间和自然资源进行再投资，恢复并创建新的城市社区空间及滨水空间。第三次区域规划较第二次区域规划而言，其绿色空间规划着眼于区域内城市生态系统的改善和绿色基础设施的保护及更新，而非重新建设新的公园。第三次区域规划的主要内容包括以下三个方面：

1）城市滨水区改善与兴建

首先，沿该地区繁荣的滨水区创建新型的城市公共空间，通过获得社区与政治支持的相关规划增强城市滨水区的可达性与连通性，如新泽西的滨水绿道提案（Proposals for the New Jersey Waterfront Walkway）、纽约的布鲁克林桥公园（Brooklyn Bridge Park）和哈德逊河公园（Hudson River Park）等。其次，城市滨水空间的规划设计应当在提升其可达性的同时适当结合商业用途，诸如码头、旅馆等衍生项目的纳入可以增加资金，也能够吸引大量来自其他地区的游客，从而提升城市滨水空间的活力。例如将新泽西海滨步道项目作为哈德逊河沿岸总体再开发项目（图 3-16）的一部分，以提升滨水景观的可达性和区域综合吸引力。最后，在地方层面负责城市滨水空间规划的相关机构必须确保资金投入估算、项目实施监管和地区景观质量的实质性提升。

2）邻里公园和休闲游憩

在环境欠佳的居住区修复及建立邻里公园，以提升现存公园建设水平、提高每千人拥有的公园面积。主要通过三方面的措施实现：①统计景观质量与管理维护较差的公园，为其制定改善与提升计划；②实施社区管理战略，调动居民的积极性，如发起当地居民参与公园管理工作的志愿或有偿活动，以减少公园管理资金；③对于公园建设项目短缺的问题，可通过私人资金募集和政府专项建设资金来解决，并在资金投入时优先考虑公园建设与管理以及后续可创造价值的预估。

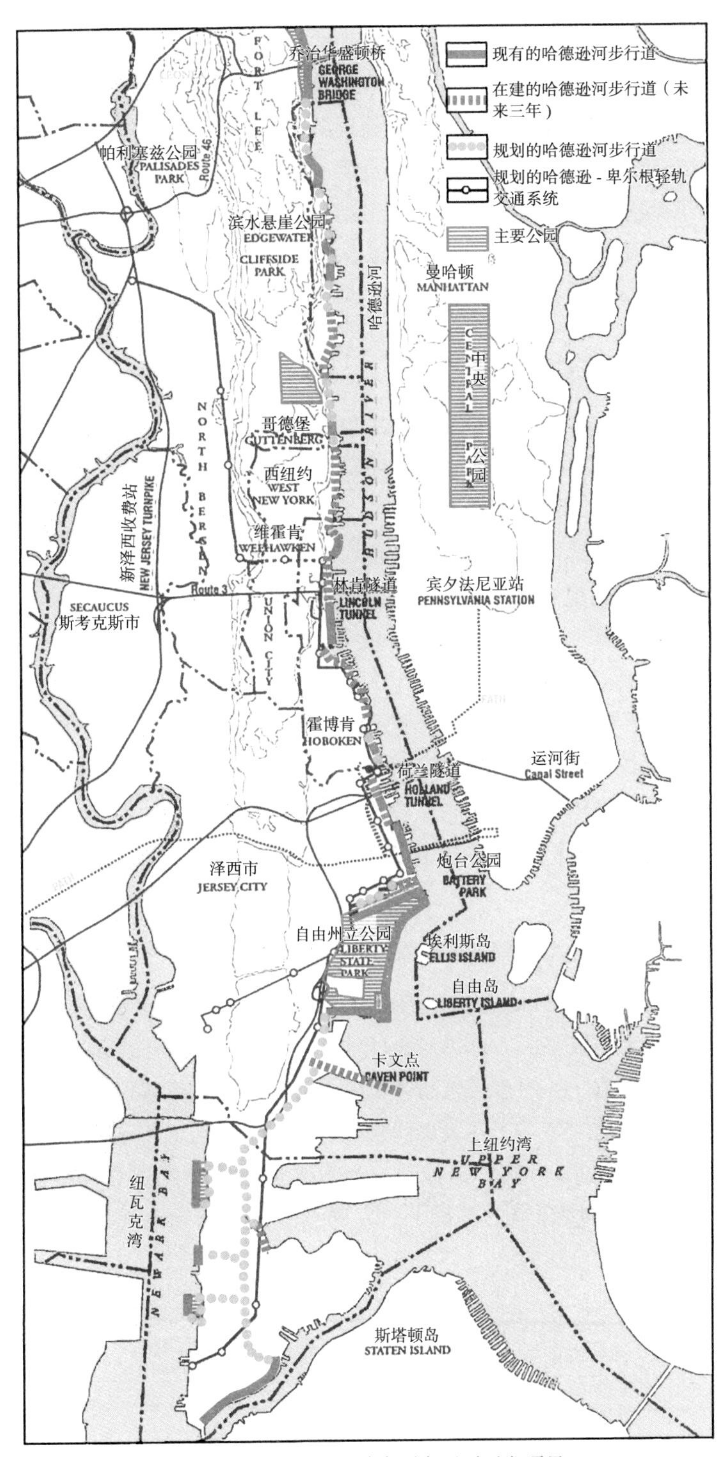

图 3-16 哈德逊河下游多项大型再开发项目

3）城市自然资源的保护

通过将绿色基础设施保护融入地方各层级的城市规划项目及资金支持，以实现处于城市地区的自然资源质量的提高。一方面，在城市海岸开放项目中兴建和恢复湿地资源，既能够改善城市内洪涝、水源污染的问题，又能为城市中的野生动植物提供栖息地；另一方面，在区域内实施城市复绿网络（ReLeaf Networks）计划[1]，以提升城市街道、社区的植被覆盖率，保护城市森林系统。

3.4.3 构建区域绿道网络

保持绿色空间之间的连通性对联系纽约大都市区高度分散的景观极其重要，它可以确保区域内能量、物种和生物质的流动。RPA 在该次区域绿色空间规划中设想建立一个区域性绿道网络，形成该地区物种和人类活动的绿色途径。RPA 提议的区域绿道网络是由多种要素所构成的生态景观走廊，包括小径、风景道和具有休闲游憩功能的非机动车道等多种形式，其具有生态效应与游憩功能的双重作用：①在生态方面，绿道通过保证区域内生态网络的连通性来维持物种种群的遗传适应性，降低环境变化的干扰并为物种迁徙提供路径；②在游憩方面，绿道将连接公园、邻里社区及商业中心，缓解部分地区绿地匮乏的问题，并提供休闲游憩和环境教育的功能。RPA 通过制定地区性计划和调动地方积极性的方式来提升区域性绿道网络规划实施和推进的效率。

1）实现方式：制定和实施地区性计划

RPA 在区域 31 个县的范围内启动了 75 条绿道的规划建设，并协同各州制定州级层面、地方层面的地区性计划，以推进绿道建设项目的落实和实施。各州在区域总体框架下分别部署绿道建设，并在 RPA 的协助下与地方各类、各级部门机构合作，形成与之相适应的州域绿道规划（图 3-17）。其中康涅狄格州率先成立州级绿道管理委员会，在改善已建州域绿道的基础上，完善整个区域的绿道网络连接（图 3-18）。

1　一项可以通过直接支持以及加强植树和维护需求与发展决策、能源和空气质量、街道维护和其他公共基础设施计划之间联系性的城市绿色空间提升计划。

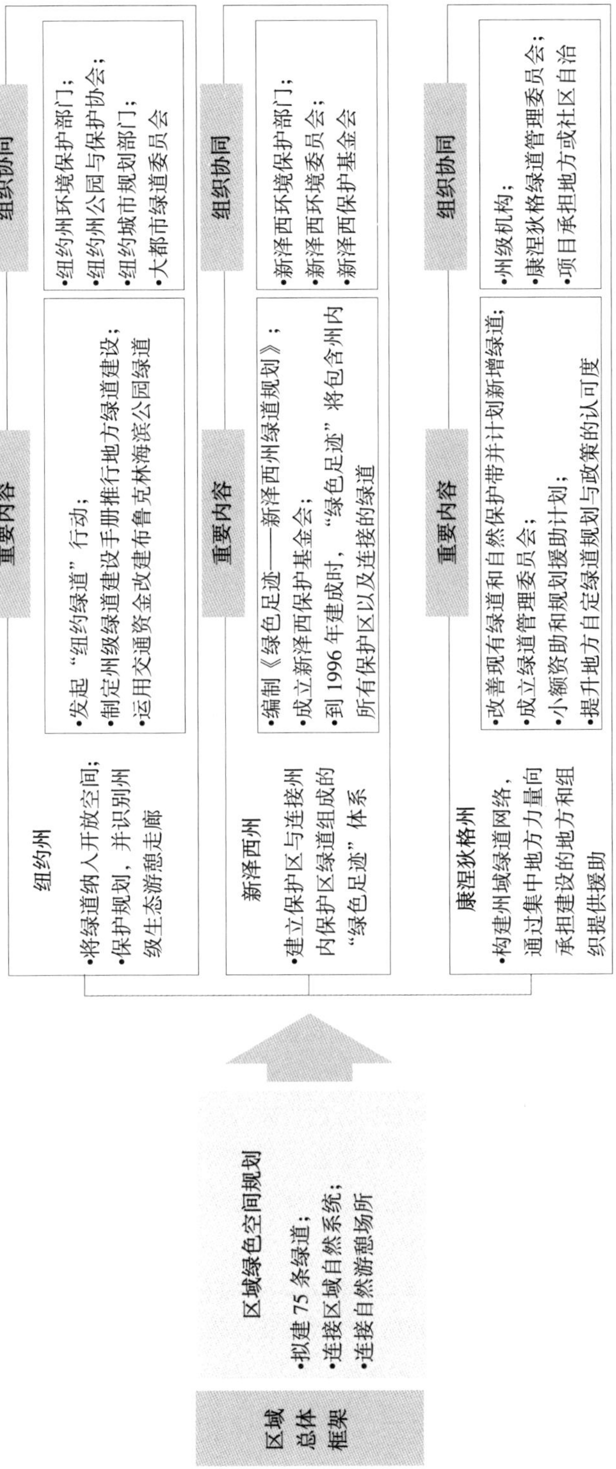

区域总体框架

区域绿色空间规划
- 拟建 75 条绿道；
- 连接区域自然系统；
- 连接自然游憩场所

纽约州
- 将绿道纳入开放空间；
- 保护规划，并识别州级生态游憩走廊

重要内容
- 发起“纽约绿道”行动；
- 制定州级绿道建设手册推行地方绿道建设；
- 运用交通资金改建布鲁克林海滨公园绿道

组织协同
- 纽约州环境保护部门；
- 纽约州公园与保护协会；
- 纽约城市规划部门；
- 大都市绿道委员会

新泽西州
- 建立保护区与连接州内保护区绿道组成的“绿色足迹”体系

重要内容
- 编制《绿色足迹——新泽西州绿道规划》；
- 成立新泽西保护基金会；
- 到 1996 年建成时，“绿色足迹”将包含州内所有保护区以及连接的绿道

组织协同
- 新泽西环境保护部门；
- 新泽西环境委员会；
- 新泽西保护基金会

康涅狄格州
- 构建州域绿道网络，通过集中地方力量向承担建设的地方和组织提供援助

重要内容
- 改善现有绿道和自然保护带并计划新增绿道；
- 成立绿道管理委员会；
- 小额资助和规划援助计划；
- 提升地方自定绿道规划与政策的认可度

组织协同
- 州级机构；
- 康涅狄格绿道管理委员会；
- 项目承担地方或社区自治

图 3-17 区域绿道网络的州级绿道规划框架

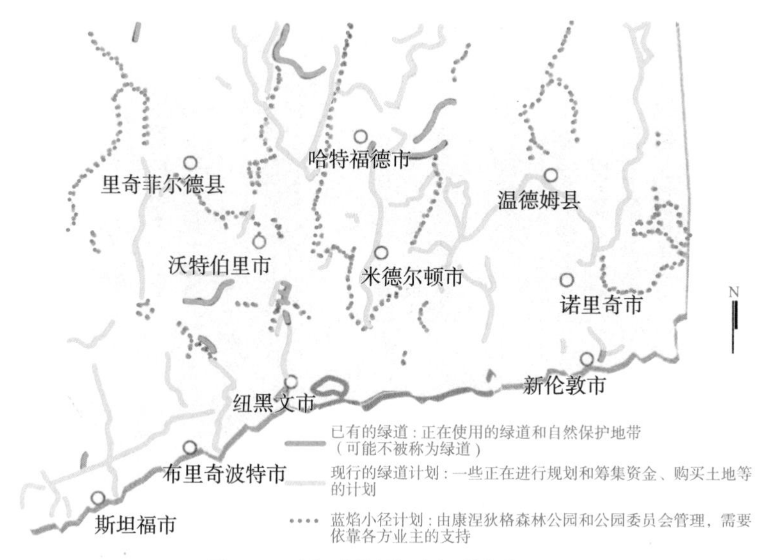

图 3-18　康涅狄格州拟定绿道分布图

2）地方积极性调动：资金和技术援助

除了州域规划和协调行动外，RPA 将提供资金与技术援助以从区域层面调动地方层面的积极性，例如向地方机构、政府提供部分资金以供规划建设、相关基层组织等使用，同时协同国家公园管理局协助地方层面的绿道建设及维护。

3.5 第四次区域规划（2017 年）：以气候应对与福祉提升为导向的绿色空间规划

2008 年金融危机后，纽约大都市区的经济得到恢复，逐渐成为全球最具吸引力的繁荣地区之一。同时，纽约大都市区的区域绿色空间也得益于过去三次的规划而取得一定的成效。RPA 发布了题为《脆弱的成功》（Fragile Success）的报告并总结了大都市区当前面临的主要问题，包括生活水平较低、气候变化挑战及基础设施系统落后等（RPA，2014）。纽约大都市区的区域绿色空间开始面临新时期的挑战。

一是气候变化带来的挑战。随着全球范围内海平面上升与温室气体排放对自然系统产生严重威胁，气候变化所带来的挑战也成为纽约大都市区在 21 世纪面临的最大难题。该区域将在未来面临各种难以抵御的风险，如海岸淹没与侵蚀、城市洪涝与高温、自然资源遭受威胁等，进而影响区域自然生态环境与人居环境的稳定性；二是居民健康福祉的获得感和公平性带来的挑战。区域繁荣发展的同时也带了人们对生活质量的更高追求。区域应当为所有人提供更加宜居健康的场所，改善区域环境的宜居性不足所带来的问题，如绿色空间利用率不足、空间分布不均衡、景观质量降低及缺乏人性化等。

RP4 的绿色空间规划在区域总体规划（图 3-19）提出的 4 个核心价值观的基础上，重点塑造区域系统的可持续性与场所的宜居性。该区域绿色空间规划较之以往在规划方法上有很大不同，具体表现在两方面：一方面 RPA 构建了基于场所类型学（Place Typology）分析的研究框架（Montemayor 和 Calvin，2015），能精准地识别该区域城乡景观的 16 类用地类型以推断未来的增长空间（图 3-20）；另一方面 RPA 应用替代情景（Alternative Scenario）的规划模拟方法，建立 4 类不同情景的发展趋势和评估指标[1]，以提升规划的环境友好性及可持续性。

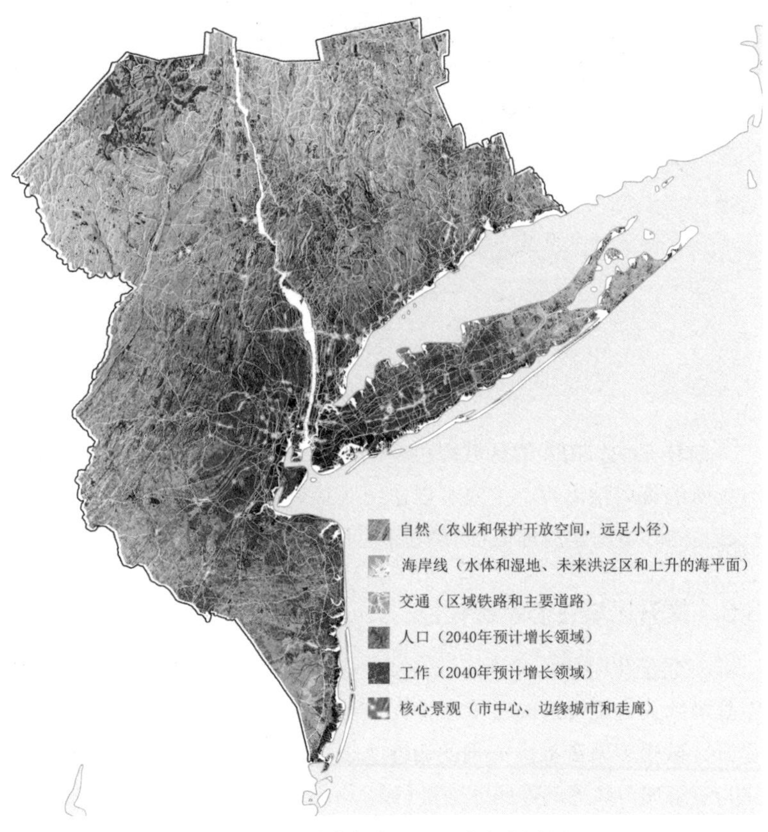

图 3-19 纽约大都市区 2040 年规划总图
（来源：底图取自自然资源部官网，专题内容为作者提供）

1 分别是适应自然（Grow with Nature）、加强中心（Reinforce the Center）、复兴城市中心（Resurgent Downtowns）、重塑郊区（Reinvent the Suburbs）。评估指标见 RPA 研究报告“Charting a New Course”（2016）

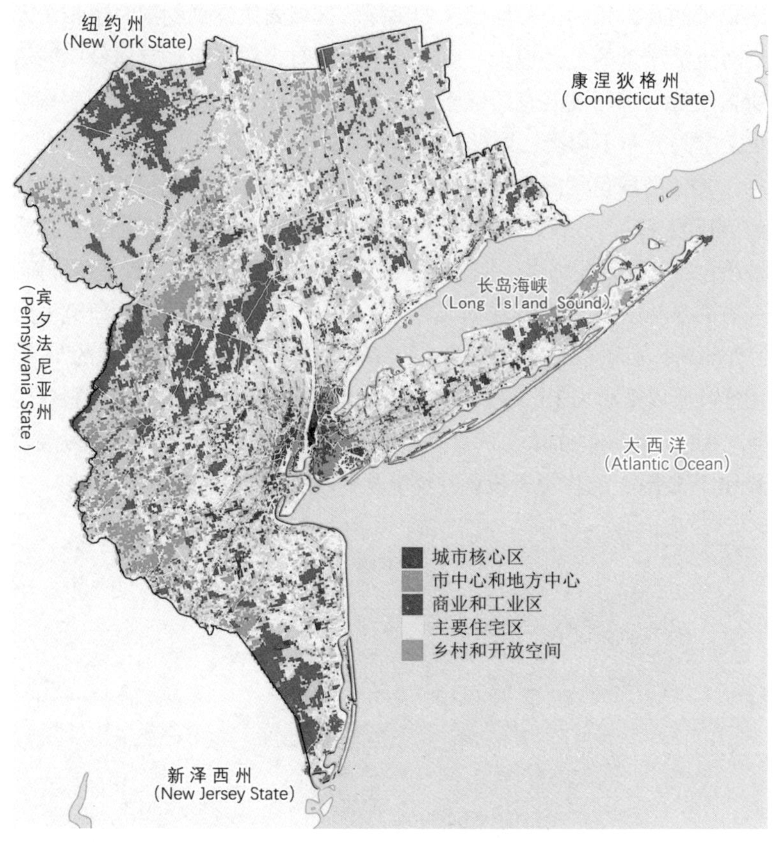

图 3-20　纽约大都市区场所类型分布图
（来源：底图取自自然资源部官网，专题内容为作者提供）

总体来说，RP4 的区域绿色空间规划从提升区域系统的可持续性与场所的宜居性出发，主要可以总结为提升区域生态系统韧性、改善区域自然环境与建成环境、创建健康宜居场所三方面的内容（图 3-21）。

3.5.1 提升区域生态系统韧性

气候变化时代需要该区域转变生态策略以适应飓风、风暴潮、高温等极端天气所带来的环境威胁，RPA 提出“5R”的弹性规划框架以提升区域生态系统抵抗灾害的韧性（表 3-8），并通过弹性规划滨水沿岸与缓解城市热岛问题两方面进行。

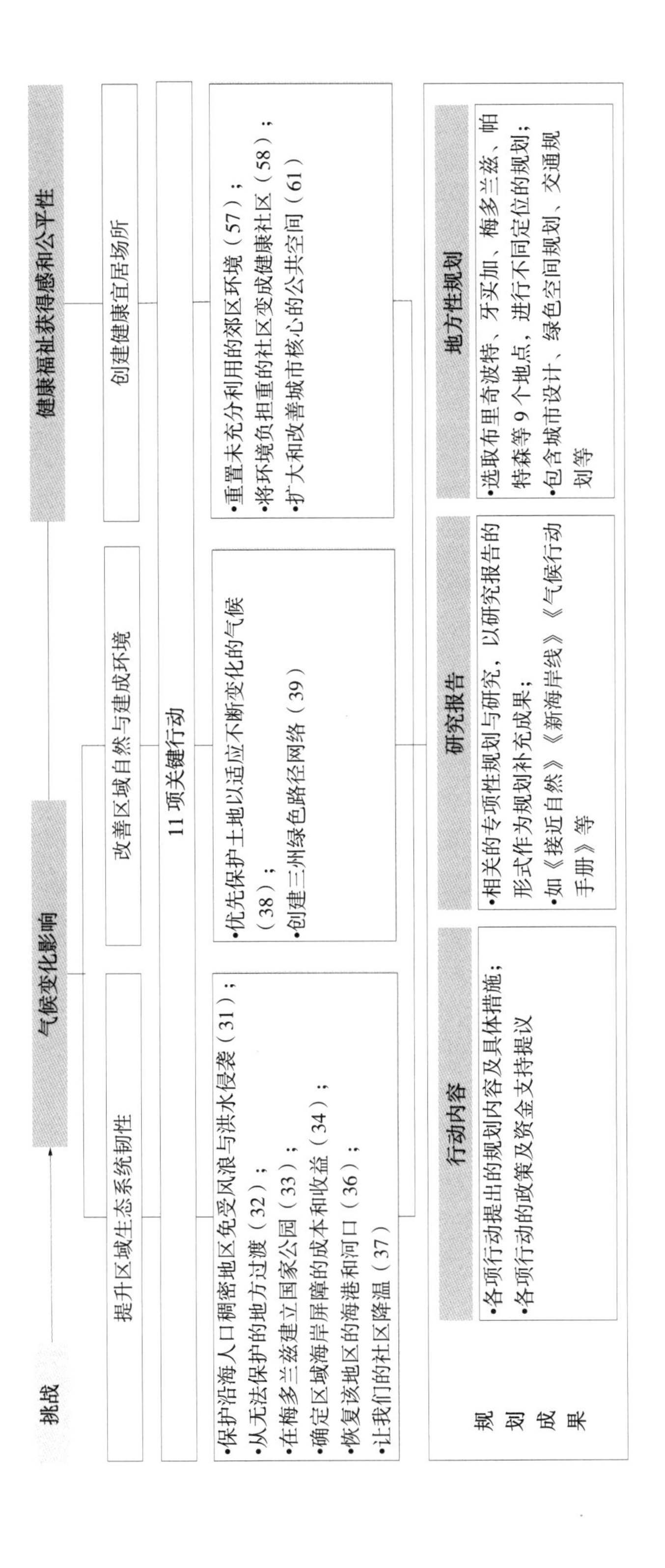

图 3-21 区域绿色空间规划总体框架
（各行动项后数字对应其在区域总体规划中的序号；相关研究报告内容可见附录。）

"5R"弹性规划框架 **表 3-8**

"5R"	内涵	重要措施
重建（Rebuilding）	达到更好、更安全的标准	•抬高结构、干式防洪、湿式防洪； •分区和监管实施
抵制（Resisting）	通过工程措施缓解洪水	•海岸线处理，如防洪墙、护堤、海滩营养物等； •水面处理，如构建风浪屏障
保留（Retaining）	通过绿色基础设施保留风廊、滞留雨水	•结合灰色和绿色基础设施管理雨洪； •构建蓄水策略框架，如透水路面、雨水花园、蓝绿屋顶、生态海滨公园等
恢复（Restoring）	恢复和加强保护性和生产性的自然系统	•建立海滩和沙丘系统的动态监测； •重建沙丘系统、湿地、牡蛎礁和其他"活海岸线"系统
撤退（Retreating）	从洪水平原和高风险风浪区撤退	•在工程技术无法解决或成本过高的地区实施

1）弹性规划滨水沿岸

由于海平面上升和暴风雨影响，海滨地区人口稠密的社区及其大部分基础设施极易遭受洪灾。对滨水沿岸进行弹性规划可以建立长期的区域灾害适应能力，保持地区安全与活力，其主要包括以下两方面：

（1）评估并建立区域海岸屏障系统

建立沿海地区的海岸屏障系统可使海岸免受风浪威胁并保护地区的社区安全，同时利于保护与其相互连接的自然生态系统。在建立前期和后期需要对其进行效率、生态和社会方面的影响指标评估，以进行其可行性研究和多种模式替代方案的选择。其中生态层面的影响指标包括盐度 / 潮汐区范围、水质、沉积物、溯河鱼类和野生动物迁徙、常住鱼类和野生动物栖息地、潜在温室气体排放。

（2）恢复该区域海港和河口的湿地

纽约大都市区曾拥有复杂而丰富的河口、港口生态系统，包括 30 多条河流、溪流以及近 40 个海湾和入海口。这些自然资源构成了近万英亩（约 40km²）的湿地、公园、滩地等城市游憩空间和生态栖息空间。截至 2017 年，约 78% 的天然湿地因开发、海平面上升、气候变化和自然过程逐渐消失（USFWS，2017），为缓解其情况采取以下措施：①维持现有的河口湿地，通过更新生态监测地图和制定监管政策及保护计划实现；②恢复失去的栖息地，恢复或增加湿地和河口栖息地的数量，同时制定标准和其他生态计划（如牡蛎恢复项目）；③确定和规范湿地迁移途径以确保湿地免受海平面上升的侵蚀，也可通过模拟自然特征的人造海岸线缓解水面上升的影响；④对有周期性或永久性淹没风险的湿地进行污染程度和修复技术分析追踪。

在新泽西州的梅多兰兹（Meadowlands）建立国家公园是弹性规划框架下的湿地恢复项目之一。梅多兰兹地区是新泽西州东北部现存最大的连续城市开放空间之一，可提供多种野生动物生境以保持地区生物多样性 (Artigas 等，2021)。拟建的新梅多兰兹国家公园将依据海岸线变化重制公园边界，以保护该地区脆弱的生态系统免受风暴潮影响（图 3-22）。

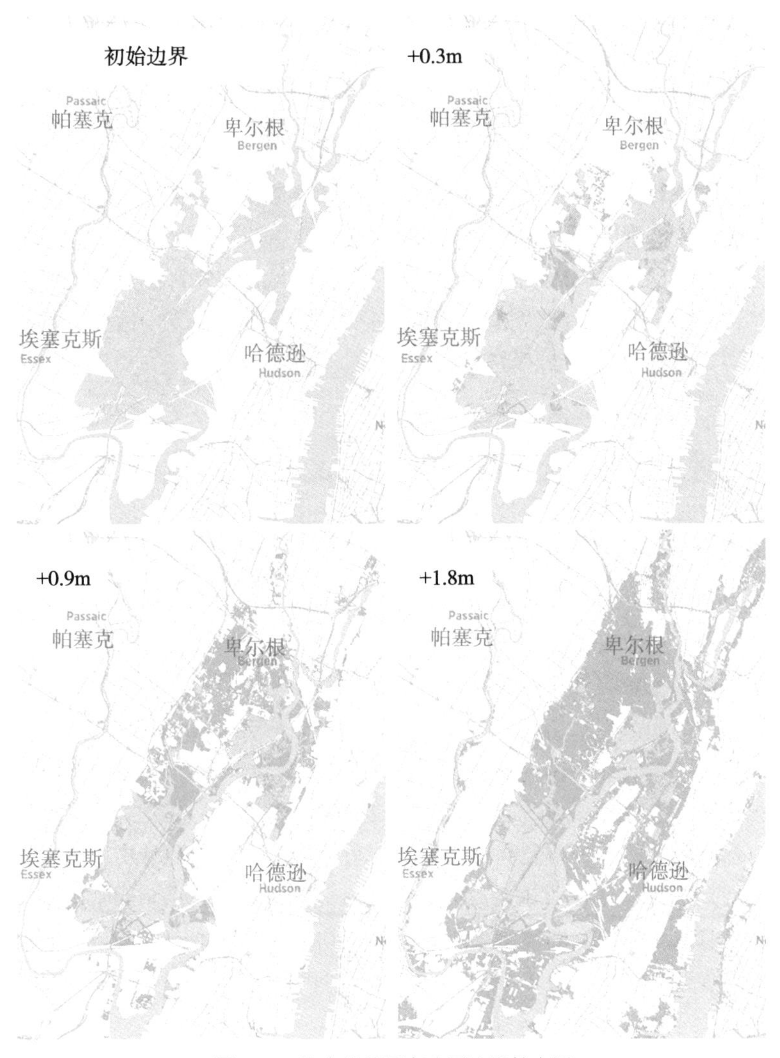

图 3-22　梅多兰兹国家公园边界扩大图

2）缓解城市热岛问题

极端高温气候已对大都市地区构成严重威胁，而城市热岛效应放大了高温的影响。RPA 为各州提议可采取的缓解城市热岛效应的策略，包括：①完善绿色基础设施有助于建立城市雨水收集系统，同时缓解城市热岛和碳足迹排放；②基于社区层面的绿色降温计划应当制度化并采取试点模式，对街景有管辖权的机构可考虑以花园代替混凝土道路隔离带或种植行道树，以降低环境温度和雨水径流并提高景观质量；③重大城市项目的绿色化，包括热反射建筑材料的广泛使用和建筑环境建造设计方式的改变。

3.5.2 改善区域自然环境与建成环境

区域的可持续发展离不开滋养和维持生命体的自然环境，该次规划中提出一种与自然相处的新模式，将区域的自然环境与建成环境视为整体进行共同保护，通过协调区域自然资源系统与构建区域绿道网络系统来实现区域系统的进一步稳定与改善。较之 RP3 的区域性保护区与绿道网络，RPA 在这一时期不仅着眼于城市边缘区的自然资源保护，更为重要的是协调整个区域的各类自然景观的恢复与改善，进而形成人与自然共生的区域绿色空间系统。

1）区域自然资源管理

通过 RPA 的研究分析该区域有近 70% 的自然空间尚未开发，而其中受保护的自然景观仅占 21%，进一步说明纽约大都市区的自然环境发展的脆弱性。此外，区域内各地区虽以建立多项自然空间保护项目及基金，但为其投入的总体资金严重不足。因此，RPA 在区域层面提出两方面措施：

（1）制定自然空间分级标准

基于自然保护协会（Nature Conservancy）与哈德逊风景区（Scenic Hudson）的研究工作，依据缓解气候变化、抗洪能力、自然物种保护、粮食生产、健康福祉 5 类标准确定近 960km² 的高优先级未受保护的自然空间（图 3-23）及高生产、生态价值的重点耕地和易涝农田（图 3-24）。结果显示，在卡茨基尔、巴罗顿北部流域及新泽西和哈德逊高地，具有大面积能够提供多重生态系统功能的自然空间集群，这类地区将规划为提升生物多样性、地区弹性与景观质量的自然景观空间。

（2）倡议资金援助与广泛合作

在区域各州增加保护自然空间与农田的专项资金，并进行长期投

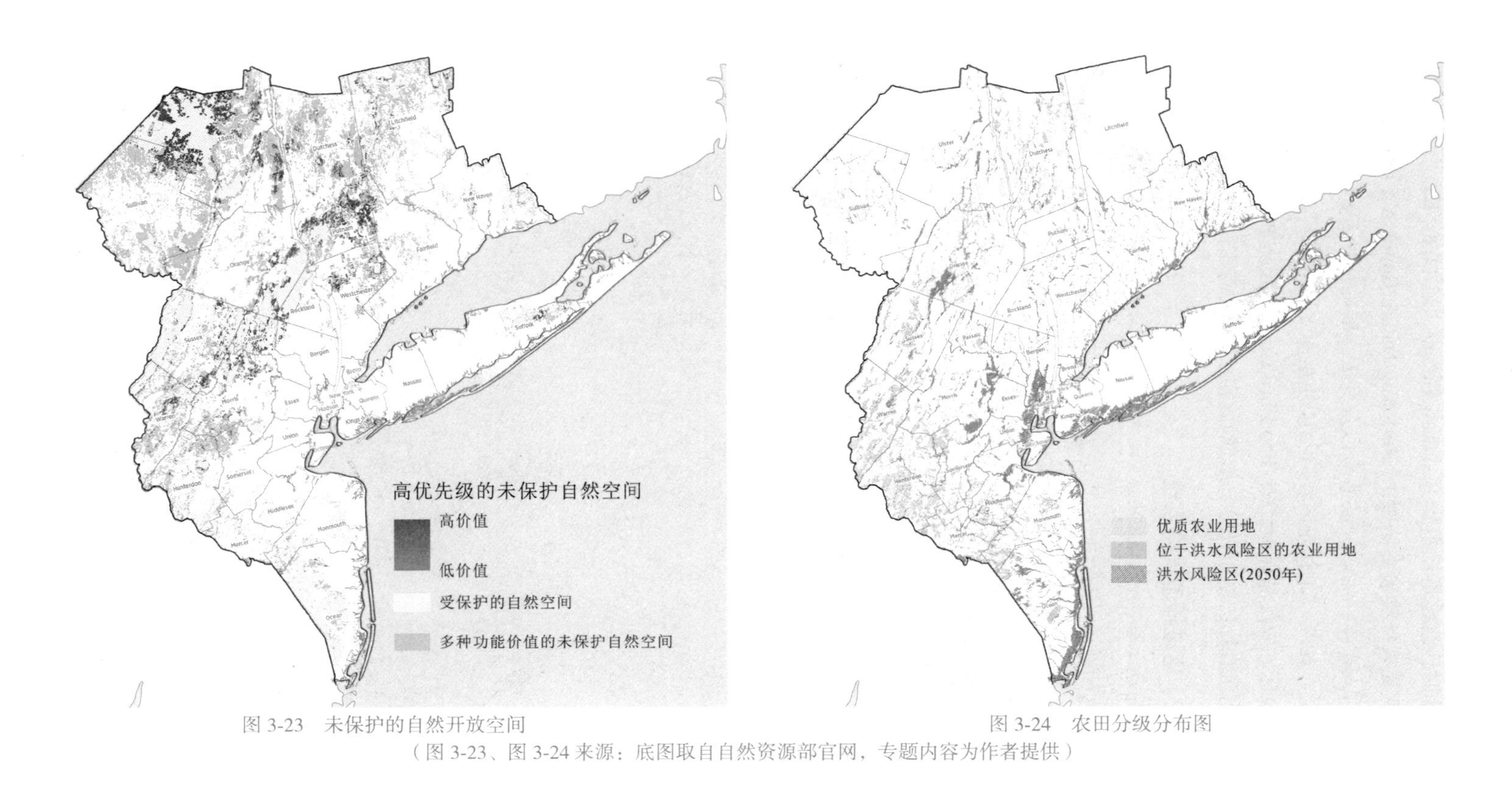

图 3-23 未保护的自然开放空间

图 3-24 农田分级分布图

（图 3-23、图 3-24 来源：底图取自自然资源部官网，专题内容为作者提供）

资。如时任纽约州长库莫（Andrew Cuomo）在 2020 年提出 30 亿美元的《恢复大自然债券法案》（Restoring Nature Bonds Act）作为国家预算的收入来源，用于气候适应以及开放空间的保护和野生动物栖息地的恢复。此外，在各地区政府与团体组织之间寻求广泛合作，如哈德逊风景区的农产品保护计划 (Foodshed Conservation Plan)，联系农业社区与需求食物的城市社区，形成联合地方各层与市民参与的良好范例。

2）区域绿道网络系统

纽约大都市区从卡茨基尔、高地和松林的自然森林景观到新泽西和长岛的海岸，包括数百个标志性公园和景观，但目前这些景观彼此割裂并且与各城市中心脱节。RPA 在该次规划中延续 RP3 绿色空间规划中区域绿道网络的构建，实现区域自然景观更大程度的连接，增加游憩机会、地区发展以及自然系统的生物多样性，为区域创造健康绿色的生活环境（图 3-25）。

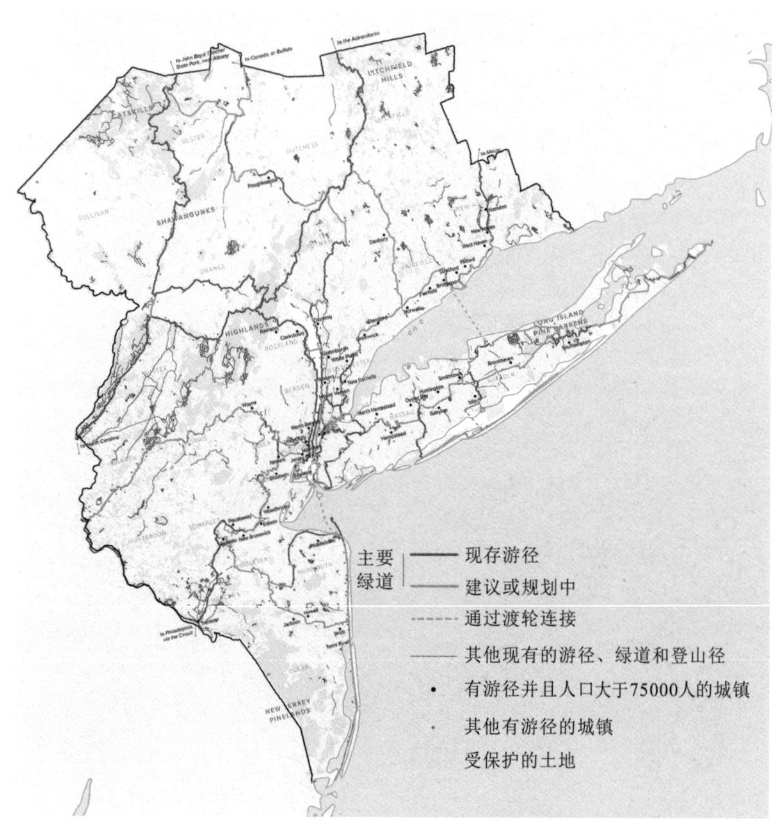

图 3-25　纽约大都市区绿道网络规划
（来源：底图取自自然资源部官网，专题内容为作者提供）

区域绿道网络将形成16条互相联系的绿道体系，规划超过2600km的自行车道、远足道和步行道，使该区域约800万的居民在半英里（约800m）辐射范围内的绿色空间可达性提升25%（RPA，2017）。同时，为保证该项规划实施成效提出4项措施：①确保为规划、实施和维护提供资金；②制定绿道设计指南以供居民及政府使用；③在绿道与公共交通之间建立安全友好的连接；④充分利用现有绿道并与交通相关部门协商。

3.5.3 创建健康宜居场所

随着地区的发展，政府需要在提供平等住房和就业条件的同时创建改善居民健康和福祉的场所，其措施主要包括以下两个方面：

1）郊区空间再利用

人们对城市生活步行适宜性的需求日益增长，郊区空间往往依赖汽车交通，因此可达性不足导致其利用率下降。为提高郊区空间的利用率以形成更完善的区域开放空间体系，主要措施包括：①政府应当修订和推广土地利用条例范本以鼓励郊区空间转型，如将未充分利用的商业地带和工业园区改造成可步行的街道景观，成为该地区绿色开放空间系统的一部分；② RPA提议引入“混合出行”（Combined Mobility）的交通方式连接郊区空间与整个地区的公交网络，以提升郊区景观可达性；③新建的开放空间需符合弹性标准，如增加街道绿色雨洪设施等。

2）扩大和改善城市开放空间

城市开放空间的匮乏导致该区域的城市核心区街道、公园等绿色开放空间出现过度拥挤的问题，因此需要将这类城市地区以多种形式扩大其开放空间，主要措施包括：①将利用不充分的城市空间重新转变为绿色开放空间，如长久封闭的街道和地下通道，并将部分私人所有的空间整合进公共领域；②将屋顶作为公共开放空间，在符合建筑规范前提下开放、灵活地利用屋顶空间，并将部分空间转为公共使用，提供游乐场、公园、园艺等用途；③改善公共建筑外环境，利用学校、图书馆、办公楼等建筑周边可开放利用的空间建造小型公园。

3.6 本章小结

本章基于第2章对纽约大都市区4次区域总体规划的研究，探讨4次区域规划中的区域绿色空间规划的总体情况，并详细研究论述历次区域绿色空间规划的规划背景和规划内容。通过研究可知，纽约大都市区区域绿色空间规划总体目标与区域总体规划紧密联系，并且考虑到区域规划中其他专项规划的衔接关系，在不同规划尺度下进行协调。同时，4次区域绿色空间规划内容都很全面，涉及区域总体、地区、社区等中观、微观层面的详细规划。除了绿色空间规划主体内容外，还包含规划相关的资金协调、实施政策、法规提案、制度编制等。此外，规划成果很丰富，一般由规划文件 / 书籍、规划及实施期间的研究报告两部分组成。规划成果因持续不断产出的研究报告而动态更新，保证了一定程度上的时效性。

4 纽约大都市区区域绿色空间规划实施

纽约大都市区自20世纪20年代以来历经百年区域规划的发展，大都市地区的绿色空间规划取得了一定成效。研究通过定性研究与定量研究相结合的方式，从绿色空间存量与格局两个方面探究纽约大都市区区域绿色空间演变的时空分异。同时，基于本书对1922—2022年100年间绿色空间规划内容体系的系统性研究总结，分析绿色空间演变与其规划内容及政策的相关性，以此探究RPA百年间的绿色空间规划实施成效以及规划引导下的绿色空间演变影响因素。

4.1 研究数据与思路

纽约大都市区区域绿色空间规划的建设实施研究分为两个部分（图4-1）。第一，基于历史报告/图像、统计数据等对RP1~RP3的绿色空间规划建设实施情况进行统计研究，以图解方式进行分析，从规划实施建设情况初步分析其实施与规划内容的一致性；第二，以面临资源高消耗和生态环境持续破坏背景下的RP3绿色空间规划为例，从区域绿色空间演变的角度初步分析其与规划引导的关联性及规划实施的生态有效性。由于RP2绿色空间规划实施于1990年基本结束，因此将研究时段整体分为1990年前与1990年后。

4.1.1 数据来源

纽约大都市区区域绿色空间规划的建设实施研究数据包含文件及图像数据和空间分析数据两类。

1）文件及图像数据

文件及图像数据包括：

（1）历次规划调查的出版资料、研究报告；

（2）官方发布的相关数据统计报告；

（3）美国环境保护局、人口调查局等的统计数据。

2）空间分析数据

研究采用的纽约大都市区土地利用/土地覆盖（LULC）数据为美国地质调查局的土地变化监测、评估和预测（LCMAP）Collection 1.2

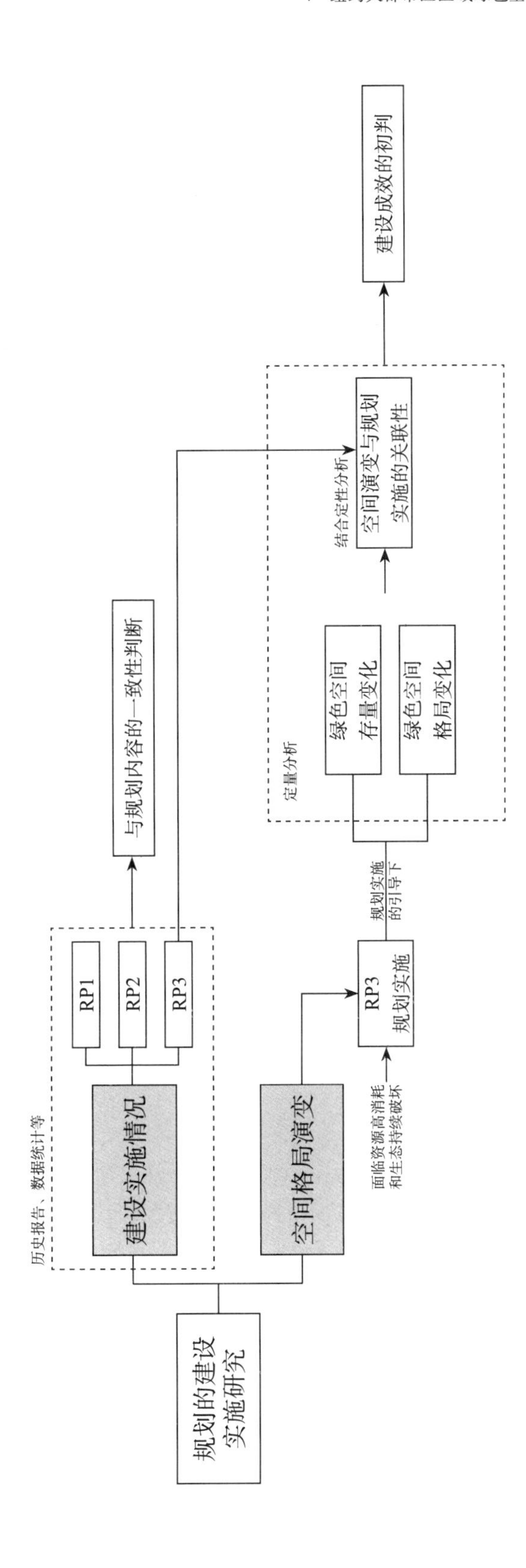

图 4-1 绿色空间规划建设实施研究思路框架

科学产品（USGS，2021），空间分辨率为 30m × 30m，数据已验证精确度。

城市开放空间数据来自与 LCMAP 数据分类相对应的 16 类国家土地覆盖数据（NLCD）；行政边界数据来源于美国环境研究所提供的 Shapefile 类型数据。

LCMAP Collection 1.2 科学产品基于 1985—2020 年 Landsat ARD（30m）数据，通过美国地质调查局地球资源观测与科学中心（EROS）开发的连续变化监测和分类（CCDC）算法（Zhu 和 Woodcock，2014）进行监测土地覆盖及其变化得到（Brown 等，2020）。

LCMAP 土地覆盖类别分为 8 类，由于纽约大都市区未覆盖永久冰区 (Ice/Snow)，因此本书采用的土地覆盖类别为建设用地 (Developed)、林地 (Tree Cover)、灌草地 (Grass/Shrub)、耕地 (Cropland)、水域 (Water)、湿地 (Wetlands)、未利用地 (Barren)7 类。

依据纽约大都市区 4 次区域绿色空间规划时间划定 10(±1) 年为时间段，选取 1985 年、1996 年、2006 年、2017 年的 LCMAP 数据（表 4-1）。

数据年份及时期说明 **表 4-1**

年份	时期说明
1985—1996 年	RP2 实施基本结束，RP3 规划前生态持续破坏
1996—2006 年	RP3 绿色空间规划实施前半期
2006—2017 年	RP3 绿色空间规划实施后半期
2017 年	RP4 发布

4.1.2 研究方法

纽约大都市区区域绿色空间规划的建设实施研究方法主要有土地利用变化特征指标分析、景观格局指数分析和移动窗口法等，通过上述方法的综合运用，能够得出实施与规划的一致性。

1）土地利用变化特征指标

（1）土地利用动态度

本书选择土地利用动态度模型评估纽约大都市区各土地利用类型的区域性差异和变化速率，分为单一土地利用动态度和综合土地利用动态度。单一土地利用动态度可反映某种土地利用类型在某个时期内的变化速率和变化幅度（赵丹等，2013），公式如下：

$$K = \frac{U_b - U_a}{U_a} \times \frac{1}{T} \times 100\% \qquad (4-1)$$

综合土地利用动态度可反映某一研究时期内各土地利用类型总体程度及趋势（王秀兰和包玉海，1999），公式如下：

$$K_I = \frac{\sum_{i=1}^{n} |U_{bi} - U_{ai}|}{2\sum_{i=1}^{n} U_{ai}} \times \frac{1}{T} \times 100\% \qquad (4-2)$$

式中，K 为纽约大都市区某一土地利用类型动态度；K_I 为综合土地利用类型动态度；U_{ai} 为土地类型 i 在起始年份 a 的面积；U_{bi} 为其在终止年份 b 的面积；T 为从起始至终止的年数；n 为该区域所有土地类型的数量。

（2）土地利用转移矩阵

本书选择土地利用转移矩阵模型评估纽约大都市区各土地利用类型的演变特征及方向（傅家仪等，2020），公式如下：

$$S_{ij} = \begin{bmatrix} S_{11} & S_{12} & \cdots & S_{1n} \\ S_{21} & S_{22} & \cdots & S_{2n} \\ \vdots & \vdots & \vdots & \vdots \\ S_{n1} & S_{n2} & \cdots & S_{nn} \end{bmatrix} \qquad (4-3)$$

式中，S 代表纽约大都市区土地利用类型，i、j 代表研究时期初与研究时期末的土地利用类型序号，S_{ij} 代表该时期内纽约大都市区由 i 类土地利用向 j 类土地利用转移的总量。

2）景观格局指数

景观格局指数是能够集中反映研究区景观格局结构组成和空间配置的量化指标，它能够较好地描述一定区域内绿色空间的结构特征和空间分布（Kong 等，2010）。

不同的格局指数反映了不同的侧重点，本书依据既往研究分析并选取 4 类景观格局指数（Wu 等，2011；Wu 等，2015, Dadashpoor 等，2019），以研究纽约大都市区绿色空间格局的变化特征，具体指标含义及公式见表 4-2。

选取的景观指数类型含义和计算公式 **表 4-2**

景观格局指数	含义	计算公式	说明	水平
斑块数量（NP）	反映景观的异质性程度	$\mathrm{NP} = N_i$	无	景观、类型
最大斑块指数（LPI）	反映最大斑块对整体景观的影响程度	$\mathrm{LPI} = \frac{\max(a_{ij})}{A} \times 100$	a_{ij} 为景观斑块面积，A 为研究总面积	景观、类型
景观形状指数（LSI）	反映各类斑块以及整体斑块形状的复杂程度	$\mathrm{LSI} = 0.25 \times \frac{\sum_{j=1}^{m} e_{ij}}{\sqrt{A}}$	e_{ij} 为斑块周长，A 同上	景观、类型
分离度指数（SPLIT）	反映斑块被划分之后的破碎化和聚焦程度	$\mathrm{SPLIT} = \frac{A}{\sum_{I=1}^{n} {A_I}^2}$	A 同上，A_I 为斑块 I 的面积	景观、类型
香农多样性指标（SHDI）	反映景观异质性及各斑块类型丰度	$\mathrm{SHDI} = -\sum_{i=1}^{m}[p_i \ln(p_i)]$	p_i 为各斑块类型的面积比，m 为斑块类型数	景观

3）移动窗口法

为评估纽约大都市区绿色空间的区域差异及变化，本书采用移动窗口法（Moving Window），统计窗口内选择的景观特征并输出可供在 ArcGIS 中运算的对应景观指数的栅格数据图像，进而直观研究各类景观指数的空间分异（Kong 和 Nakagoshi, 2006；李栋科等，2014）。移动窗口法可使研究区内的景观格局分析结果可视化，从而将其演变过程与纽约大都市区的自然条件以及历次区域绿色空间规划内容等相联系，以探讨研究时期内纽约大都市区区域绿色空间演变特征和 RPA 主导的区域绿色空间规划实施成效。具体操作方法如下：①在 ArcGIS 10.5 中转换处理可用的土地覆盖栅格数据；②通过 Fragstats 4.2 软件计算栅格数据的斑块数量（NP）、最大斑块指数 (LPI)、景观形状指数 (LSI)、分离度指数 (SPLIT)、香农多样性指数 (SHDI)；③通过移动窗口功能，设置 300m、600m、900m、1800m、3000m 为窗口半径变化间隔计算观察代表指数在不同窗口半径的变化；④最终选取设置 900m 为适宜目标窗口大小，自研究区内左上角移动，计算经过每一栅格的窗口中的景观指数并将其赋值于窗口的中心栅格；⑤输出 ArcGIS 可运算的栅格数据进行可视化，并计算各指标不同时期的变化量及时空分异。

4.2 1990 年前绿色空间规划实施研究

根据 1990 年前纽约大都市区区域绿色空间规划的建设与实施情况，可以将其实施阶段分为 RP1 和 RP2 两个时期，现结合现有数据进行分析。

4.2.1 RP1 绿色空间规划实施情况

RP1 的绿色空间规划最主要的内容是公园道和公园的建设，以增加区域开放空间的面积。1929 年发布并开始实施规划后直至 1941 年，是其主要的建设实施时期。后续因美国加入第二次世界大战而中断了建设投资，战后缓慢继续该次规划的部分项目建设，至 1965 年基本结束。据 RPA 在 20 世纪 20 年代至 60 年代发布的 5 次报告及其他统计公告，规划拟建的 89 项绿色开放空间项目最终实施 44 项（表 4-3）。1965 年该地区的公园及其他开放空间面积从 1928 年的 380.9km² 增加到 817.7km²，虽然最终仅完成了总规划（1424.6km²）的 57%，但实现了近 2 倍的增加量[1]。

1929—1965 年已实施收购的绿色开放空间规划项目　　表 4-3

地区	全部实施	部分实施	未实施	规划拟实施	实施项目占比（%）
纽约市	12	9	12	33	63
长岛地区	2	5	3	10	70
纽约州（不含长岛及纽约市）	1	0	6	7	14
新泽西州	5	6	21	32	34
康涅狄格州	0	5	2	7	72
总计	20	25	44	89	56

注：表中相关数据整理自 RPA 发布的相关报告。

通过以上的数据统计及 1965 年 RP1 绿色空间规划重点已实施项目（图 4-2），RP1 的绿色空间规划项目主要以纽约市及周边邻近地区、长岛地区为主，这与该次区域总体规划提出的“再中心化”的理念吻合，反映出其绿色空间规划在这一时期也着重于改善区域核心地区，初步形成区域绿色系统的思想雏形。尽管该时期的规划以公园及公园道的增量和连接为主，但 RP1 实现了大量区域自然森林片区的收购，为该区域后续发展奠定了生态景观基础。

1　数据统计自 1929—1965 年 RPA 发布的相关报告。

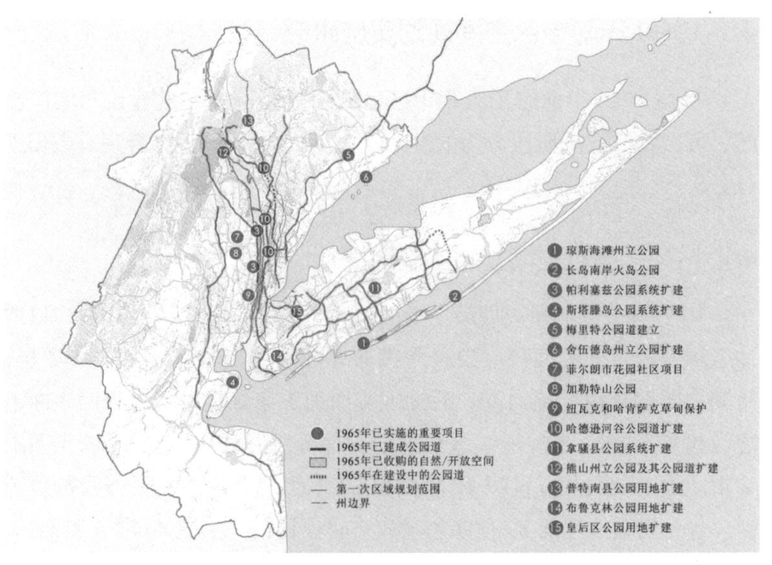

图 4-2　RP1 绿色空间规划重点已实施情况
（来源：底图取自自然资源部官网，专题内容为作者提供）

4.2.2 RP2 绿色空间规划实施情况

RP2 绿色空间规划建设到 20 世纪 80 年代后逐渐放缓，在 90 年代前基本结束。其最主要的规划建设成果为保护了区域内大面积的连续性自然开放空间，并建立了兼具生态与游憩属性的大型公园（表 4-4、图 4-3）。

RP2 绿色空间规划重要已实施项目 / 事件对照表　　　　**表 4-4**

序号	项目 / 事件	序号	项目 / 事件
1	长岛海峡沿岸绿道开发	13	塔科尼克州立公园
2	帕特森大瀑布历史地标区保护	14	沙旺昆克山脉及溪流保护
3	特拉华水峡国家游憩区设立	15	哈德逊河下游上段河岸修复
4	明尼沃斯卡州立公园保护区	16	韦斯特彻斯特县环境提升项目
5	盖特威国家游憩区设立	17	长岛沼泽和农业用地保护
6	桑迪岬半岛并入盖特威游憩区	18	火岛保护
7	Great Piece 草甸保护	19	劳埃德港保护
8	瓦瓦扬达湖州立公园	20	莫里切斯水湾保护
9	梅多兰兹草甸保护	21	微风点公园
10	尤宁县受污染土地回收项目	22	岛海滩州立公园
11	新泽西州棕地法案制定和振兴	23	云杉州立游憩区
12	哈德逊河下游滨水区振兴项目	24	圆谷州立游憩区

注：表内数字对应地区见图 4-3。

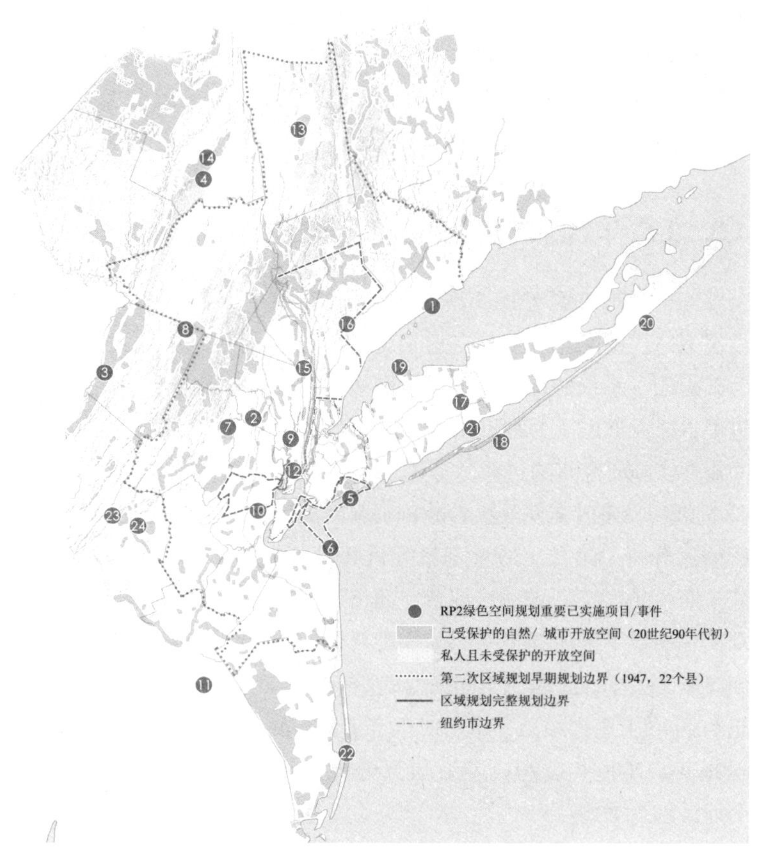

图 4-3 RP2 绿色空间规划重点已实施情况
（来源：底图取自自然资源部官网，专题内容为作者提供）
注：图内数字表示信息见表 4-4。

RP2 推动了该地区 3 个州的自然开放空间更多收购计划的实施，截至 1990 年规划实施末期，该地区的永久性自然开放空间从 1554km² 增加到 4403km²（Sanyal 等，2012）。

RP2 绿色空间规划促进了盖特威国家游憩区 (Gateway National Recreation Area) 的建立，此外还包括特拉华水峡国家游憩区（Delaware Water Gap National Recreation Area）、明尼沃斯卡州立公园（Minnewaska State Park）和其他重要公园及保护区的建立，并激发了全国范围内的土地信托（Land Trust）和自然开放空间保护运动。

RP1 时期新泽西州北部的公园道及公园计划几乎未完成，然而在 RP2 建设实施中拓展了区域核心地区周边及外围地区的公园道网络。同时，对位于新泽西州的帕特森和纽瓦克等城市作为该区域的多个中心地区进行开发，并对其城市开放空间进行建设。尽管 RP2 时期绿色空间规划重申了对自然空间的保护且得到了较好的实施，但战后繁荣导致纽约大都市区的城市建设面积到 20 世纪 90 年代初迅速扩张至 9400km² 左右（Fulton 等，2001），对未受保护的区域自然空间造成了严重威胁。

4.3 1990 年后绿色空间规划实施研究

纽约大都市区在 RP3 规划初期面临着城市快速扩张与资源高消耗发展下造成的生态环境与自然景观持续破坏，该次区域绿色空间规划为其构建了系统的绿色基础设施网络，且较多内容得到了良好的实施进展，极大推进了大都市区的区域生态系统修复。对于 RP3 的绿色空间规划实施研究将通过两部分进行。

第一，通过文件及报告数据资料对其建设实施概况及重要项目进行阐述分析；第二，通过定量分析 RP3 规划前（1985 年）至 RP3 实施末期（2017 年）该区域绿色空间格局的时空分异变化，探讨 RP3 规划实施引导下区域绿色空间演变的反馈，并进一步探究其与规划内容和政策的关联性及绿色空间演变的影响因素。RP2 的规划实施在 20 世纪 90 年代前基本结束，本书对于定量分析的选取时间节点为 1985 年、1996 年、2006 年、2017 年，研究分析将基于该区域涉及 3 个州的 5 个地区进行阐述。

4.3.1 RP3 绿色空间规划实施情况

到 2017 年，RP3 绿色空间规划对该区域进行的改善城市开放空间、建立区域绿道网络、建立区域性保护区三个方面均得到了较好的实施。此外，布鲁克林海滨绿道等部分项目至今仍在实施过程中。该次规划实施的城市开放空间项目多集中在哈德逊河谷中部及长岛地区、新泽西北部等，布里奇波特和帕特森等地方中心也得到了较好的开放空间建设。对于区域核心纽约市则以城市废弃破败的开放空间改善和海滨开放空间带的建设为主；区域绿道建设在 3 个州均得到了良好的发展且至今仍在不断建设当中；区域保护区的实施则以哈德逊河谷周围自然空间、松林、高地资源及该区域重要的农田资源的保护为主，同时也包含了如哈德逊河畔黑斯廷斯棕地治理等生态污染修复项目（图 4-4）。

图 4-4 RP3 绿色空间规划重点已实施情况
（来源：底图取自自然资源部官网，专题内容为作者提供）

4.3.2 RP4 绿色空间规划实施情况

本书从纽约大都市区绿色空间面积转移变化和绿色空间格局变化两个角度分析 RP3 绿色空间规划实施前（1985 年）至实施末期（2017 年）的纽约大都市区区域绿色空间演变及其影响因素，并基于本书对 RP3 绿色空间规划建设实施情况的研究，进一步探究绿色空间演变与规划实施的关联性。

1）区域绿色空间变化与转移分析

绿色空间存量是反映区域内自然景观资源的直观指标，通过对纽约大都市区绿色空间整体占比以及各类型绿色空间面积演变进行分析，通过空间占比、面积存量、空间转变等指标，研究纽约大都市区绿色空间面积的变化与转移。

（1）总体土地利用动态变化

通过纽约大都市区 1985 年、1996 年、2006 年和 2017 年四个时期各类土地利用分布（图 4-5）可计算得到各时期不同类型空间数据统计表（表 4-5），同时通过动态度计算公式与转移矩阵模型得到各时期的土地利用动态变化表（表 4-6）。

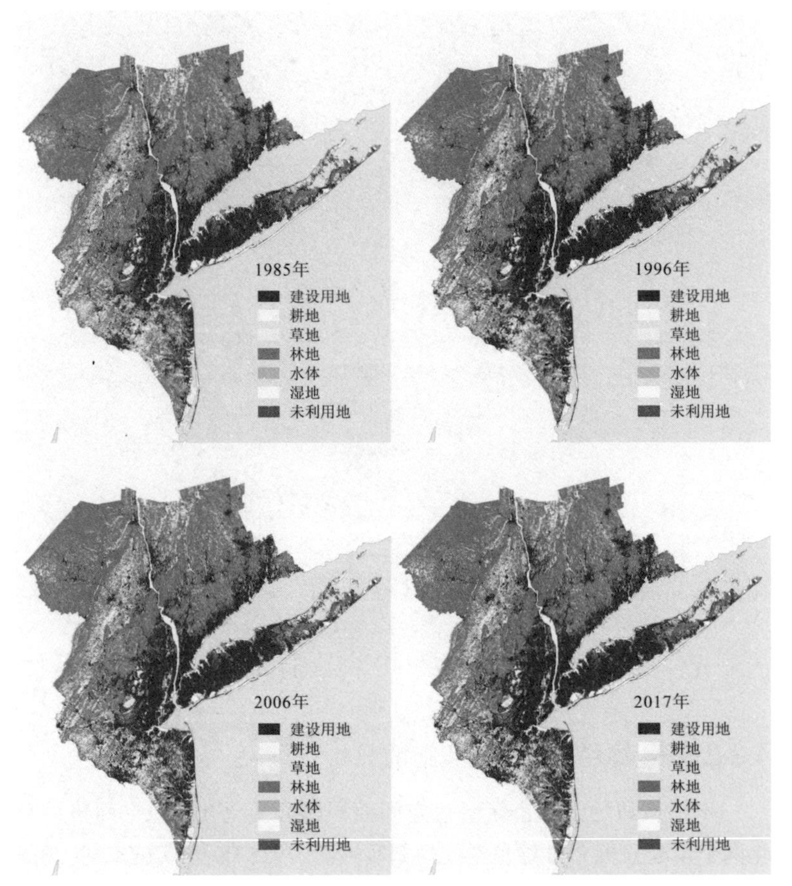

图 4-5　1985—2017 年纽约大都市区土地利用分布
（来源：底图取自自然资源部官网，专题内容为作者提供）

从总体统计结果上看，纽约大都市区绿色空间特征显著，整体类型以大面积的林地为主，占比将近 50%。从区域城市建设程度扩张上来看，建设用地（包含城市开放空间）一直呈现缓慢上升趋势，但城市扩张趋势并不显著，在新泽西州南部、西南海岸及长岛地区的萨福克县出现了较为明显的增长点，且主要增长的建设用地用途多为居住用地（Yang 等，2019）。美国在 20 世纪 90 年代前已成为发达国家，城市化率在 20 世纪 80 年代之后已经放缓。纽约大都市区城市迅速发展的时期为 20 世纪 60 年代至 80 年代中后期，城市在该区域内蔓延扩张了近 60%（Fulton 等，2001），对郊区自然环境造成极大的破坏，1985 年后建设用地增长速率较缓也与该时期提出的紧凑城市及城市精明增长理论有关。

1985—2017 年纽约大都市区各类型空间面积统计 **表 4-5**

类型	1985 年		1996 年		2006 年		2017 年	
	面积 (km^2)	占比（%）	面积 (km^2)	占比（%）	面积 (km^2)	占比（%）	面积 (km^2)	占比（%）
耕地	3496.83	10.47	3370.48	10.09	3292.75	9.86	3293.58	9.86
草地	451.03	1.35	397.74	1.19	375.41	1.12	358.64	1.07
林地	15935.53	47.73	15839.34	47.44	15631.20	46.82	15512.85	46.46
水体	729.45	2.18	755.47	2.26	758.14	2.27	745.46	2.23
湿地	3028.48	9.07	3026.69	9.06	3019.25	9.04	3016.73	9.04
建设用地	9443.73	28.28	9754.30	29.21	10088.54	30.22	10182.96	30.50
未利用地	304.09	0.91	245.12	0.73	223.85	0.67	278.92	0.84

纽约大都市区各时期土地利用动态变化表 **表 4-6**

类型	1985—1996 年		1996—2006 年		2006—2017 年	
	面积变化（km^2）	动态度（%/ 年）	面积变化（km^2）	动态度（%/ 年）	面积变化（km^2）	动态度（%/ 年）
耕地	−126.35	−0.34	−77.74	−0.21	0.84	0
草地	−53.29	−1.22	−22.33	−0.54	−16.77	−0.43
林地	−96.19	−0.06	−208.13	−0.12	−118.36	−0.07
水体	26.02	0.31	2.67	0.03	−12.68	−0.15
湿地	−1.79	−0.01	−7.44	−0.02	−2.52	−0.01
建设用地	310.57	0.29	334.24	0.30	94.42	0.08
未利用地	−58.97	−2.19	−21.26	−0.86	55.06	1.79

从各类型土地类型变化上来看，湿地及水体在2006—2017年出现大幅减少，推测与2012年东北海岸遭遇超级飓风“桑迪”所造成的灾害影响相关。耕地、草地的减少量呈现显著的降低趋势，这在一定程度上与RP3针对保护区域实施生态优势农田的规划策略相关。林地在1996年后面积减量现象也得到了较好的缓解。

从整体的土地利用变化量及动态度来解读，各类土地类型的总体系统呈现较为稳定的状态，其动态度变化处于区域稳定发展的合理范围内。

（2）总体土地利用转移分析

研究在明确纽约大都市区土地利用量的动态变化特征情况后，进一步分析其土地利用转变的情况。通过土地利用转移矩阵模型可得到1985—2017年RP3规划前期、实施前期与实施后期三个时期的动态转移矩阵表（表4-7 ~表4-9）。

从三个时期整体来看，耕地大多向建设用地转移，被城市发展所侵占。草地多向林地转移而使其异质性上升，其次是向建设用地转移。建设用地的增量来源主要为林地与耕地，但前者面积基数较大，因此转移量占林地总面积较小。而2006年后各类用地转移量减少，尤其以耕地最为显著。土地利用转移分析将结合后续景观格局演变分析进行更深入解读。

1985—1996年纽约大都市区土地利用面积动态转移矩阵（单位：km^2）　表4-7

年份	类型	1996年						
		耕地	草地	林地	水体	湿地	建设用地	未利用地
1985年	耕地	3311.85	14.05	9.81	3.30	0.17	149.71	7.95
	草地	8.81	326.17	71.74	2.51	0.13	37.61	4.07
	林地	14.65	39.13	15739.03	7.91	0.21	124.13	10.47
	水体	0.38	0.36	1.25	724.02	0.48	1.11	1.86
	湿地	0.22	0.18	0.29	1.21	3024.74	1.56	0.28
	建设用地	20.69	11.19	13.91	3.52	0.45	9379.87	14.10
	未利用地	13.89	6.67	3.32	13.01	0.51	60.31	206.38

1996—2006 年纽约大都市区土地利用面积动态转移矩阵（单位：km^2） 表 4-8

年份	类型	2006 年						
		耕地	草地	林地	水体	湿地	建设用地	未利用地
1996 年	耕地	3230.67	8.40	2.77	0.98	0.08	121.51	6.08
	草地	8.61	300.22	56.92	0.91	0.09	27.89	3.09
	林地	32.71	46.79	15559.00	2.03	0.10	183.97	14.74
	水体	0.96	0.85	1.48	745.73	1.41	1.75	3.30
	湿地	0.48	0.59	0.29	0.89	3017.14	6.76	0.55
	建设用地	13.68	11.63	8.54	0.93	0.13	9708.96	10.43
	未利用地	5.63	6.95	2.20	6.68	0.30	37.69	185.67

2006—2017 年纽约大都市区土地利用面积动态转移矩阵（单位：km^2） 表 4-9

年份	类型	2017 年						
		耕地	草地	林地	水体	湿地	建设用地	未利用地
2006 年	耕地	3208.19	8.35	4.85	0.78	0.18	58.45	11.94
	草地	10.73	279.11	60.82	0.54	0.15	18.09	5.98
	林地	38.27	57.20	15435.59	1.58	0.38	70.27	27.92
	水体	1.61	1.02	1.74	738.08	1.28	1.53	12.88
	湿地	0.53	0.26	0.33	0.62	3013.97	1.41	2.12
	建设用地	30.09	9.59	7.82	1.08	0.59	10008.11	31.26
	未利用地	4.17	3.11	1.70	2.79	0.18	25.10	186.81

（3）城市开放空间的面积变化

为进一步研究纽约大都市区城市开放空间的变化情况，应用 USGS 提供的与本研究所用 LCMAP 数据分类相对应的 16 类国家土地覆盖数据（NLCD），其建设用地包含高、中、低三个开发密度用地和四类城市开放空间[1]，其中城市开放空间包括了位于城市集中建设地区的各类绿色空间。

以 2001 年为起点，分析 RP3 规划实施后 2006 年、2017 年的城市开放空间面积及分布变化（图 4-6）。在 RP3 规划实施初期至 2017 年，该区域的城市开放空间增加了 106km²，在 2017 年达到 3990.82km²，占建设用地面积比例高达 36.41%。

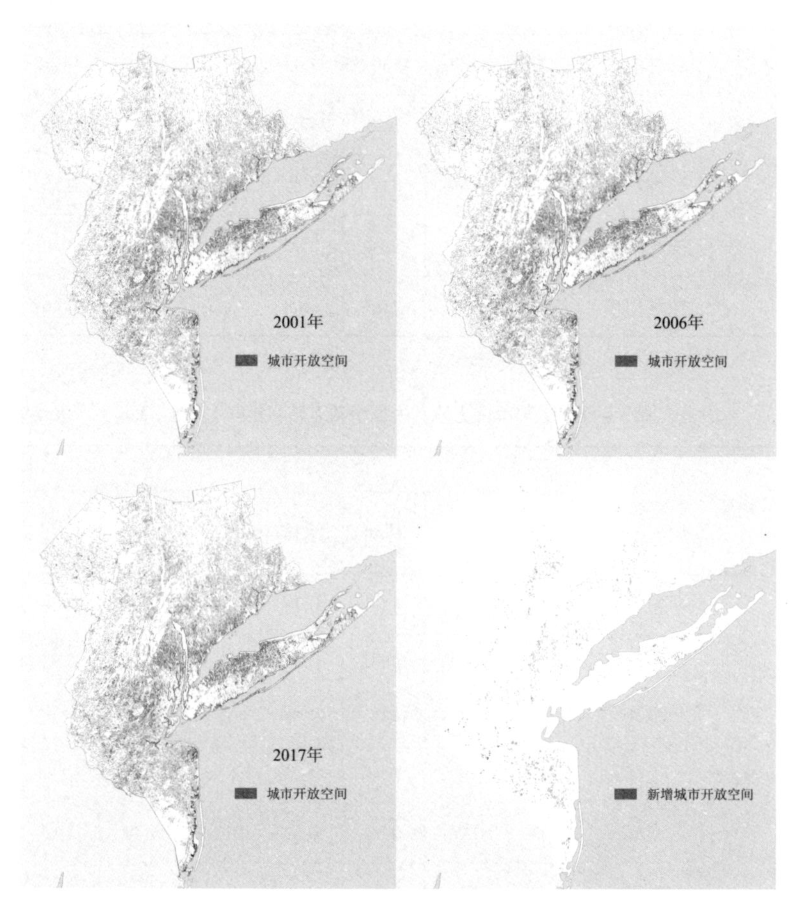

年份	2001 年	2006 年	2017 年	总变化
城市开放空间	3884.82km^2	3967.20km^2	3990.82km^2	106.00km^2

图 4-6　2001—2017 年新增开放空间面积统计及分布
（来源：底图取自自然资源部官网，专题内容为作者提供）

1　16 类土地利用分类中，建设用地（Developed）包含高开发密度用地（High Intensity Developed）、中开发密度用地（Medium Intensity Developed）、低开发密度用地（Low Intensity Developed）和城市开放空间（Open Space Developed）四类。

从空间分布上来看，新建面积集中在哈德逊河谷地区中部、新泽西州西南海岸，同时长岛地区萨福克县及纽约市的海滨地区也得到了一定开放空间的建设，这与 RP3 绿色空间规划的城市开放空间改善与建设的内容基本一致。

2）区域绿色空间格局演变分析

本书采用景观格局指数作为纽约大都市区区域绿色空间格局的分析指标，采用移动窗口（Moving Window）模块对区域内每个空间像元的指标进行计算，并在 ArcGIS 中输出。选取斑块数量（NP）、最大斑块指数（LPI）、景观形状指数（LSI）、分离度指数（SPLIT）、香农多样性指标（SHDI）共 5 项指标，从景观（Landscape-level）与类型（Class-level）两个水平层级对其进行评价。在空间尺度上，从纽约大都市区尺度及三州各地区尺度两个层级进行分析，并基于本书对 RP3 的规划建设实施情况及分布，探讨其与空间格局演变的关联性。

（1）纽约大都市区尺度下绿色空间格局演变分析

根据纽约大都市区整体空间及不同用地类型的景观格局指数变化的总体趋势（图 4-7~ 图 4-11，表 4-10~ 表 4-14），并结合本研究计算得到的各类型用地面积占比、动态变化和各类型用地转移矩阵计算结果，可以得知：

区域整体的 NP 指数先减后增，以 RP3 实施期间来说，总体呈现上升状态。其中耕地和草地的 NP 指数显著上升，但二者的面积占比却不高，说明耕地与草地的空间分布逐渐分散。耕地因多数转变为建设用地而变得破碎，草地因多数转变为林地而使其与林地的景观异质性上升。湿地的 NP 指数小幅度下降，结合湿地面积减少且多在东南海岸，推测可能是 21 世纪以来两次较为严重的飓风天气导致部分湿地斑块消失的结果。其余空间类型的 NP 指数虽总体上升但变化幅度不显著，整体趋于较为稳定。

区域整体的 LPI 指数先减后增，以 RP3 实施期间来说，总体呈现上升状态。林地与建设用地因面积占比较大，在系统内占有较大的优势度，但后者因城市扩张不显著所以优势度较为稳定。但林地的 LPI 指数在规划实施后上升了 54.27%，说明 RP3 时期区域整体的松林地带保护取得了较大成效，使林地的生态整合度及优势度显著上升。水体的优势度也得到显著提升，且在哈德逊河地带较为明显。卡茨基尔山脉与阿巴拉契亚山脉地带的 LPI 指数也一直呈现高值。

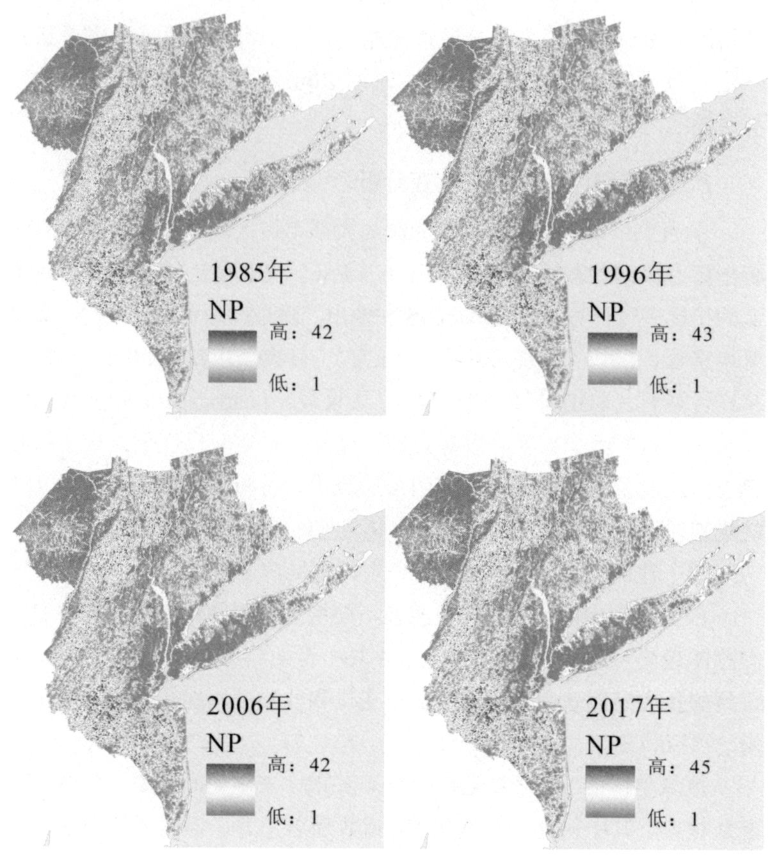

图 4-7　1985—2017 年各时期不同用地类型的斑块数量（NP）分布
（来源：底图取自自然资源部官网，专题内容为作者提供）

1985—2017 年各时期不同用地类型的斑块数量（NP）变化　　表 4-10

NP	用地类型	1985 年	1996 年	2006 年	2017 年	1996—2017 年
类型水平	林地	107226	93536	92493	99452	6.32%
	湿地	54205	53819	53355	53634	−0.34%
	水体	19502	18521	18445	19397	4.73%
	草地	119036	86431	91031	115909	34.11%
	耕地	118833	93489	99650	121751	30.23%
	建设用地	141005	119009	116855	129250	8.61%
	未利用地	58604	29847	27055	53634	79.70%
景观水平		618411	494652	498884	592362	19.75%

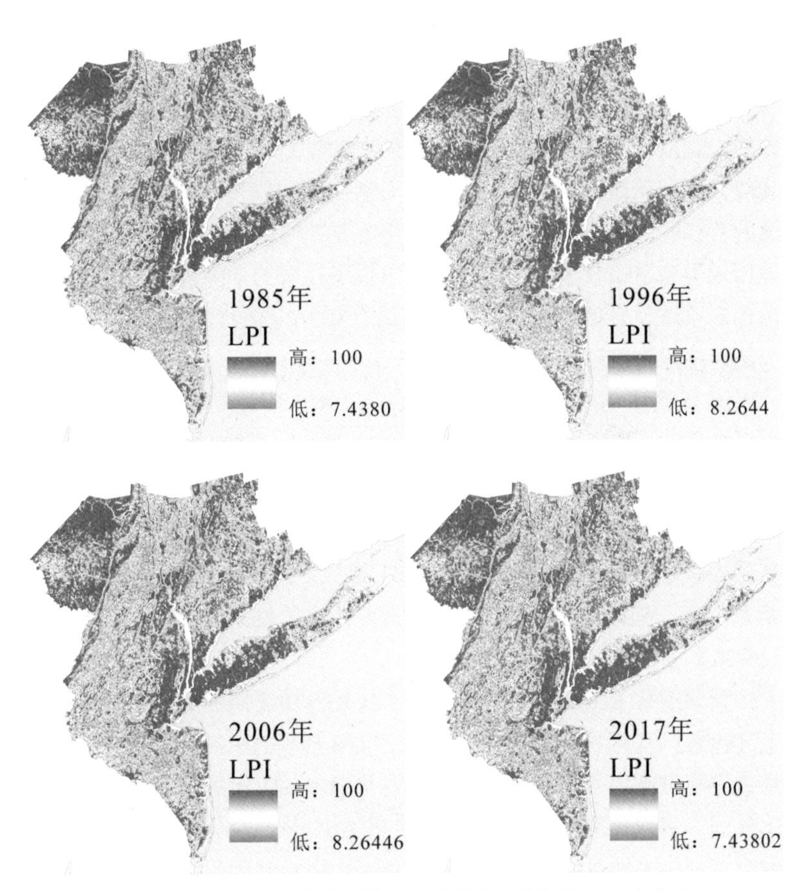

图 4-8　1985—2017 年各时期用地的最大斑块指数（LPI）分布
（来源：底图取自自然资源部官网，专题内容为作者提供）

1985—2017 年各时期用地的最大斑块指数（LPI）分布　　表 4-11

LPI	用地类型	1985 年	1996 年	2006 年	2017 年	1996—2017 年
类型水平	林地	12.8912	8.3000	8.2864	12.8042	54.27%
	湿地	0.1202	0.1203	0.1185	0.1185	−1.50%
	水体	0.2180	0.2177	0.2178	0.2956	35.78%
	草地	0.0192	0.0213	0.0262	0.0199	−6.57%
	耕地	0.4133	0.3905	0.3884	0.3818	−2.23%
	建设用地	10.9669	11.5908	12.1638	12.1868	5.14%
	未利用地	0.0185	0.0248	0.0251	0.0185	−25.40%
景观水平		12.8912	11.5908	12.1638	12.8042	10.47%

区域整体的 LSI 指数先减后增，以 RP3 实施期间来说，总体呈现上升状态。很大一部分原因是 2006 年后未利用地的 LSI 指数上升过大，与 2006 年后重大自然灾害和城市棕地的影响有一定关联。耕地与草地的 LSI 指数增长也较为显著，其中耕地因在 2006—2017 年较多转移为建设用地而导致其生态系统受人为活动扰动较大。草地因与林地之间的互相转移较为明显，而导致其生态系统复杂性、异质性增大。其他用地类型增幅较小，且湿地空间出现了较缓的下降趋势，说明湿地内部的系统整合度在缓慢提升，但结合其 NP 指数分析，可知该代价为湿地总体面积和 NP 指数的下降。

区域整体 SPLIT 指数先增后减，以 RP3 实施期间来说，总体呈现下降状态。湿地、草地呈现高度破碎化状态，并且草地的 SPLIT 指数持续增大，而湿地聚集程度趋于稳定状态。建设用地 SPLIT 指数缓慢下降，有了一定程度聚集发展的趋势，说明这期间城市扩张的郊区蔓延程度缓解。林地、水体的 SPLIT 指数下降显著，且在 2006 年后尤为明显，说明其斑块间被划分的情况得到了较好的改善，连通度与空间聚集度上升显著。

区域整体 SHDI 指数先减后增，以 RP3 实施期间来说，总体呈现上升状态。但就 1985—1996 年来看，RP3 规划前纽约大都市区经历了快速发展带来的生态环境持续破坏，导致其 SHDI 指数下降明显，整体景观多样性降低。在 RP3 实施后至 2017 年，整体的 SHDI 指数逐渐回升却仍未恢复，但说明其规划建设实施对整体的物种多样性及丰富度提升具有一定程度的积极作用。

总体来说，在 1985—1996 年，纽约大都市区在 RP2 规划实施基本结束与 RP3 规划发布及实施前的这段时期内，其绿色空间格局各方面的指标受到了不同程度的影响，且变化特征较为显著。虽然斑块数量与景观形状指数下降，但对其整体生态系统与空间格局不利的特征更为显著，主要呈现出绿色空间整体的景观优势度下降、绿色空间的聚集度与被划分水平上升以及物种多样性和 SHDI 指数的下降。而 1996—2017 年，从分析结果也可以判断出，RP3 绿色空间规划的建设实施使该区域在绿色空间格局方面得到了较为明显的积极反馈，如林地和水体优势度的显著上升、景观多样性和 SHDI 指数的上升等。

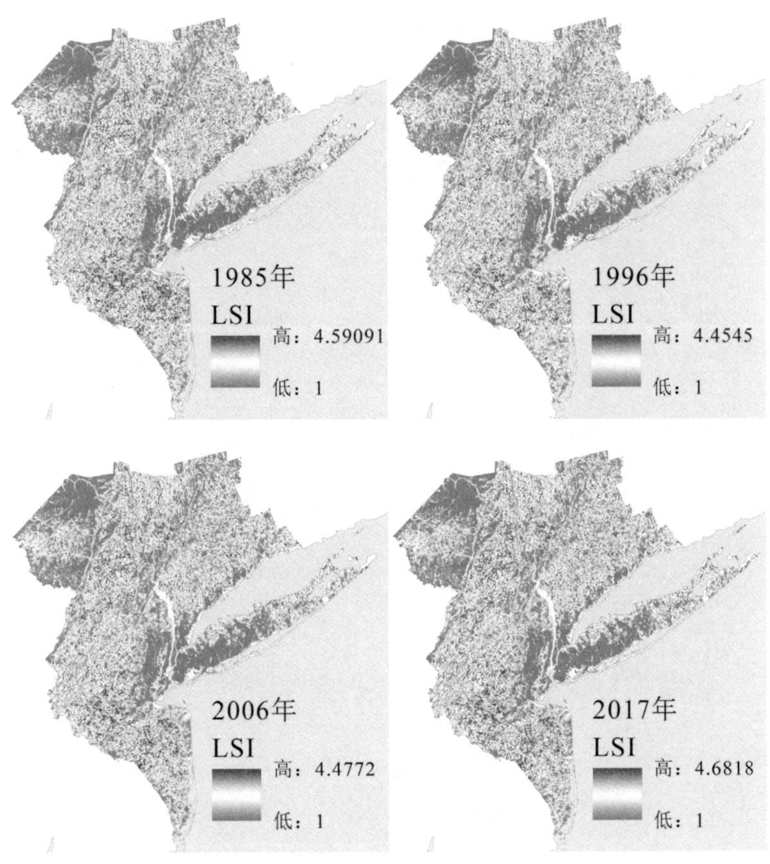

图 4-9 1985—2017 年各时期不同用地类型的景观形状指数（LSI）分布
（来源：底图取自自然资源部官网，专题内容为作者提供）

1985—2017 年各时期不同用地类型的景观形状指数（LSI） 表 4-12

LSI	用地类型	1985 年	1996 年	2006 年	2017 年	1996—2017 年
类型水平	林地	331.34	315.49	316.47	329.00	4.28%
	湿地	363.08	362.65	362.20	362.54	−0.03%
	水体	125.43	119.92	120.53	123.94	3.35%
	草地	379.80	321.57	323.98	373.18	16.05%
	耕地	369.11	332.26	340.02	366.76	10.38%
	建设用地	362.34	323.80	318.39	335.15	3.51%
	未利用地	246.82	175.01	168.90	235.40	34.51%
景观水平		374.13	343.42	342.61	361.93	5.39%

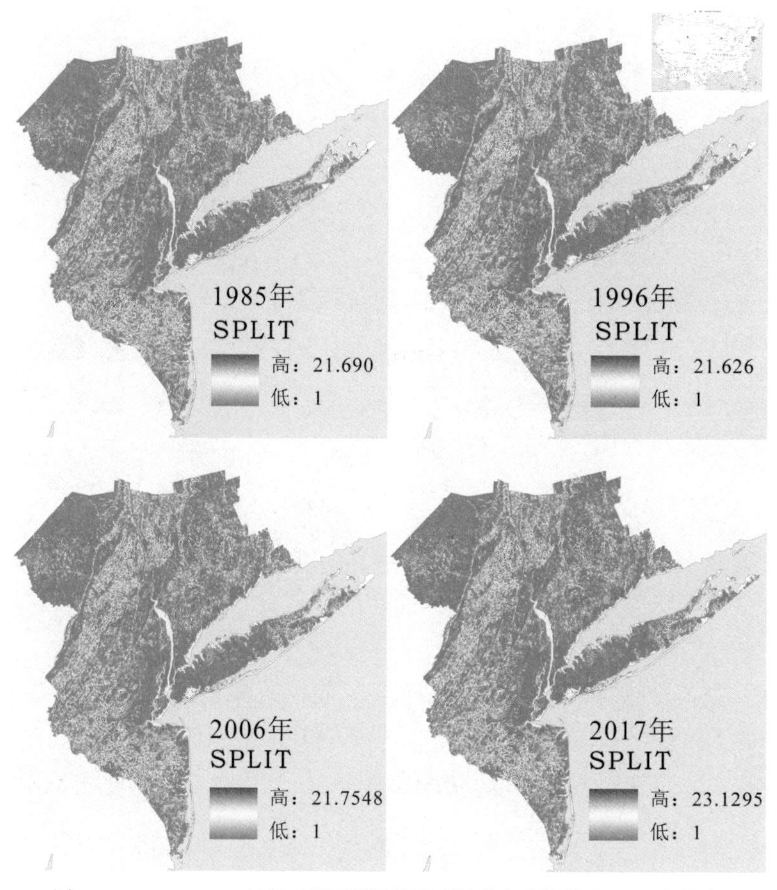

图 4-10　1985—2017 年各时期不同用地类型的分离度指数（SPLIT）分布
（来源：底图取自自然资源部官网，专题内容为作者提供）

1985—2017 年各时期不同用地类型的分离度指数（SPLIT）　　表 4-13

SPLIT	用地类型	1985 年	1996 年	2006 年	2017 年	1996—2017 年
类型水平	林地	39	56	56	39	−30.36%
	湿地	110220	110442	112168	112299	1.68%
	水体	136533	128438	126162	90277	−29.71%
	草地	12526460	7604320	5853516	12822137	68.62%
	耕地	21790	23501	26615	27357	16.41%
	建设用地	57	52	48	48	−7.69%
	未利用地	4142320	3874952	4035998	4686461	20.94%
景观水平		23.18	26.78	25.75	21.55	−19.53%

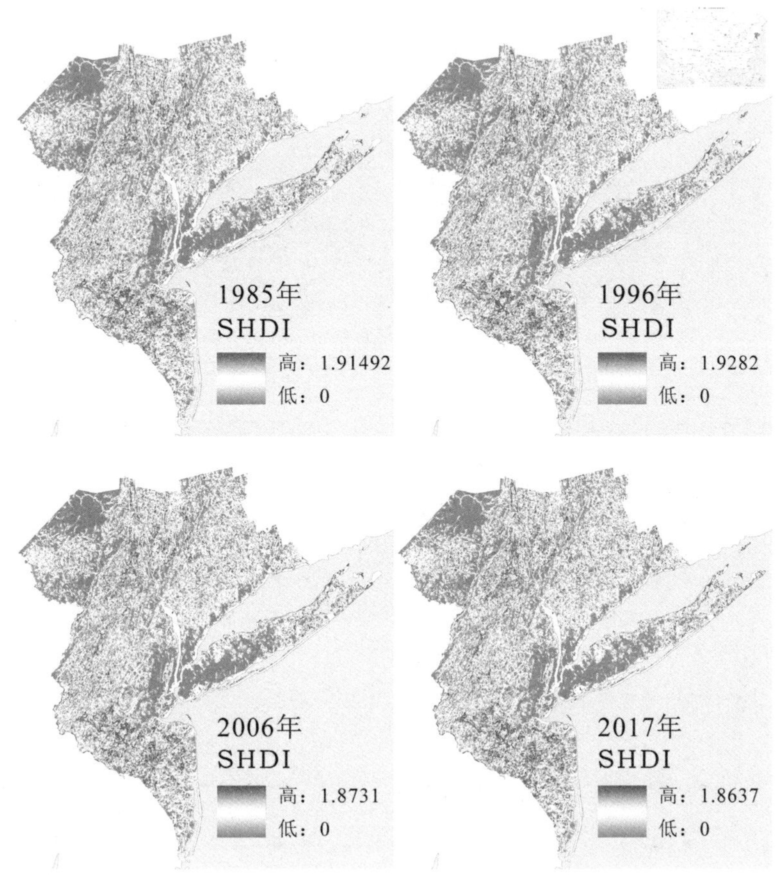

图 4-11　1985—2017 年各时期不同用地类型的香农多样性指标（SHDI）分布
（来源：底图取自自然资源部官网，专题内容为作者提供）

1985—2017 年各时期不同用地类型的香农多样性指标（SHDI）　表 4-14

SHDI	1985 年	1996 年	2006 年	2017 年	1996—2017 年
香农多样性指标	1.3487	1.3369	1.3327	1.3376	0.05%

（2）各地区尺度下绿色空间格局演变分析

纽约大都市区主要涉及 3 个州（5 个地区），即纽约州部分地区、新泽西州部分地区和康涅狄格州部分地区，其中纽约州部分包含纽约市、长岛地区和哈德逊河谷地区。因纽约大都市区的区域绿色空间规划及实施主要为这 5 个地理（行政）分区，为了进一步探究都市区各地区的绿色空间格局变化及其与各地区的重点规划实施情况关联性，本书结合景观格局指数 5 项指标的各时期变化量及其空间分布（图

4-12~ 图 4-16）和纽约大都市区各地区的景观格局变化结果，具体分析不同地区的绿色空间格局演变。

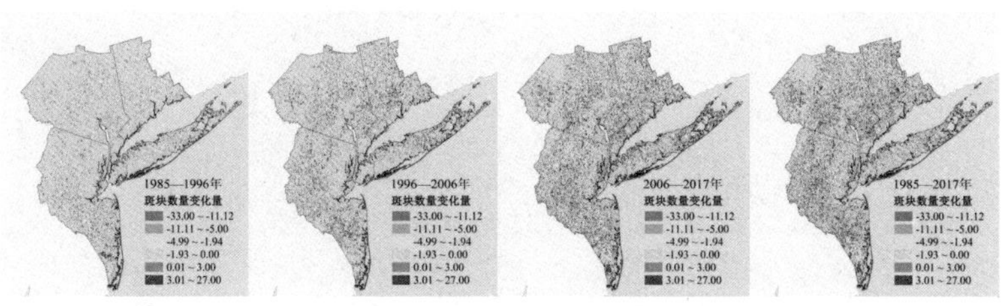

图 4-12　1985—2017 年各时期斑块数量（NP）变化量及空间分布

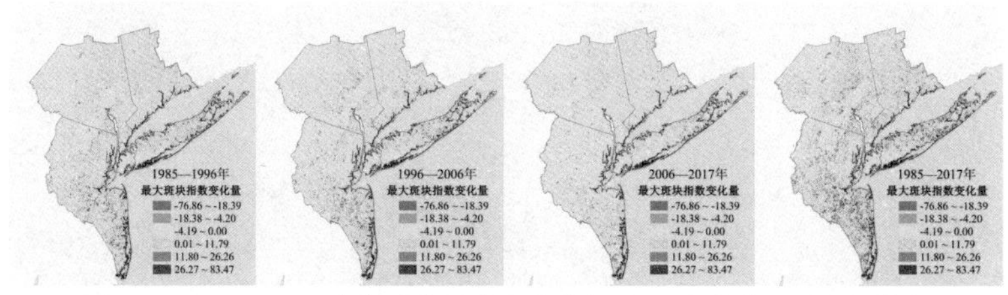

图 4-13　1985—2017 年各时期最大斑块指数（LPI）变化量及空间分布

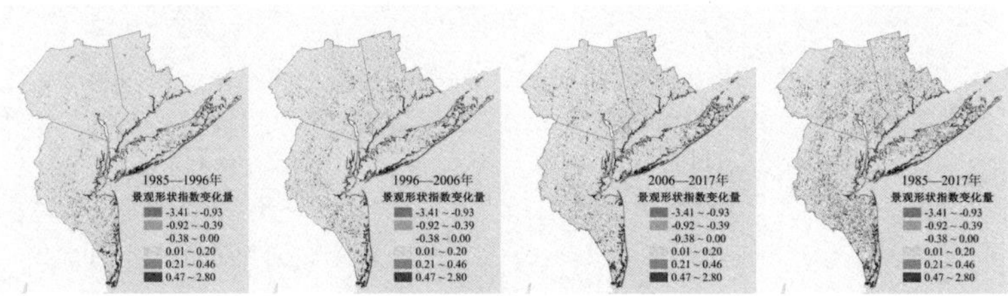

图 4-14　1985—2017 年各时期景观形状指数（LSI）变化量及空间分布

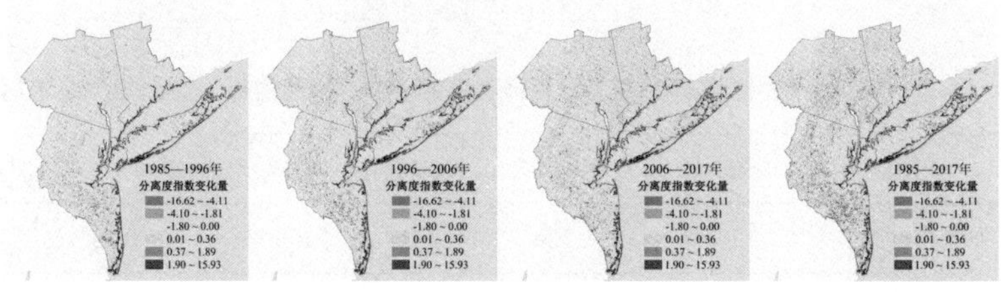

图 4-15　1985—2017 年各时期分离度指数（SPLIT）变化量及空间分布

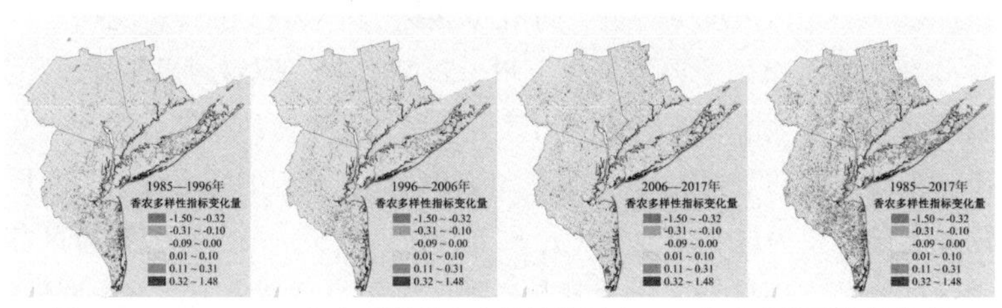

图 4-16　1985—2017 年各时期香农多样性指标（SHDI）变化量及空间分布
（图 4-12~ 图 4-16 来源：底图取自自然资源部官网，专题内容为作者提供）

经过计算得到纽约大都市区中纽约州地区（纽约市、长岛地区、哈德逊河谷地区）、新泽西州地区、康涅狄格州地区的各时期景观格局指数5项指标在景观水平和类型水平上的变化，结合前文绿色空间面积动态变化和各时期各项指标变化量的空间分布（图4-12~图4-16），分析纽约大都市区各地区的绿色空间格局演变。

纽约州各地区各时期5项景观格局指数的指标变化　　表4-15

层级	纽约市				
	指标	1985年	1996年	2006年	2017年
景观水平	NP	8302	5918	5680	7493
	LPI	52.48	52.66	52.90	52.88
	LSI	28.99	25.21	24.57	26.72
	SPLIT	3.18	3.15	3.12	3.12
	SHDI	0.5344	0.5344	0.4943	0.4906

层级	长岛地区				
	指标	1985年	1996年	2006年	2017年
景观水平	NP	75157	53237	51319	62042
	LPI	52.70	55.33	56.81	57.26
	LSI	123.50	105.66	102.61	110.27
	SPLIT	3.57	3.24	3.08	3.03
	SHDI	1.2029	1.1662	1.1434	1.1259

层级	哈德逊河谷地区				
	指标	1985年	1996年	2006年	2017年
景观水平	NP	170461	144875	150393	176215
	LPI	35.40	22.38	22.33	35.16
	LSI	188.85	178.90	180.97	189.75
	SPLIT	7.29	12.63	12.65	7.37
	SHDI	1.1323	1.1269	1.1305	1.1408

从纽约州各地区（表4-15）来看，纽约市因其用地以建设用地为主，建设用地以外的绿色空间分布较为分散，其面积占比较小，所以斑块优势度也较小。长岛地区的建设用地占比较大，因此优势度较高，但绿色空间中林地也具有一定的优势，且长岛松林地带的LPI指数在

规划实施后有了较为显著的增加，说明景观优势度呈现增加趋势，长岛松林地带保护区的建设具有一定成效。但纽约市和长岛地区整体的景观多样性和 SHDI 指数有所下降，或与区域核心城市地区的人为扰动较大有关，且与大西洋海岸接壤的海岸带较长，受飓风、风暴潮等极端气候影响较大。

哈德逊河谷地区则在规划实施后呈现出多方面较显著提升的现象。SHDI 指数有了较为明显的提升，2017 年为 1.1408 且高于 1985 年的数值，结合哈德逊河谷地区的林地 LPI 指数显著增长了 57%，且二者的变化量显著区域均集中在阿拉巴契亚山区和哈德逊河谷北段，说明 RP3 实施的区域性保护区设立得到了较为显著的成效，使林地优势度上升的同时维持了整个景观结构的稳定性。此外，SHDI 指数的上升也将在一定程度上促进保护区物种多样性的提升。

新泽西州地区各时期 5 项景观格局指数的指标变化 **表 4-16**

层级	新泽西州				
	指标	1985 年	1996 年	2006 年	2017 年
景观水平	NP	261295	207730	204674	243536
	LPI	27.12	28.71	30.16	30.37
	LSI	263.95	239.43	235.74	249.35
	SPLIT	12.53	11.29	10.20	10.09
	SHDI	1.4738	1.4605	1.4461	1.4475

新泽西州地区（表 4-16）在研究期间的建设用地扩张属于各地区中最为明显的，主要集中在纽约市周边的伯根、埃塞克斯、尤宁等县，以及靠近东南海岸的密德萨克斯、蒙茅斯等县，并对帕特森等多个中心城市进行再开发，因此在新泽西这些地区的人为扰动因素较大，在 RP3 规划前及规划实施初期均出现了 SHDI 指数的波动下降。尽管这一情况在 2006 年 RP3 实施后半期有所好转，但仍然使其部分地区的景观结构稳定性与多样性呈下降趋势。就其提升的情况而言，新泽西松林地带南片的 SHDI 指数在 2006 年后有了显著增长，同时新泽西北部的阿拉巴契亚山区的 SHDI 指数也在 1996 年后出现小幅增长趋势。整个地区的林地 LPI 指数呈缓慢增大，且 SPLIT 指数出现了下降，说明松林地带及高地的森林资源得到较好的保护，林地生态系统呈现聚集发展、连通度增加的趋势，景观优势度及物种多样性都得到了一定程度的提升。

康涅狄格州地区各时期5项景观格局指数的指标变化 **表4-17**

层级	康涅狄格州				
	指标	1985年	1996年	2006年	2017年
景观水平	NP	103827	83253	87106	103509
	LPI	33.13	33.23	33.06	32.86
	LSI	153.87	143.36	146.36	154.40
	SPLIT	7.22	7.08	7.14	7.21
	SHDI	1.1690	1.1528	1.1598	1.1757

到2017年，康涅狄格州（表4-17）的SHDI指数也呈现总体增长的状态，增长相对显著的点集中在沃特伯里和纽黑文以西的林地，同时也伴随着LPI指数的增长，可能与RP3建设实施期间这一地带绿道的建设以及周边城市发展较为内聚有关，使该地区的景观结构相对稳定。纽黑文和费尔菲尔德的LPI指数在规划实施初期局部呈现下降状态，且伴随着LSI指数的上升，说明该地区随着局部城市建设增加了一定的人为扰动因素，呈现局部景观破碎度上升的现象。但在靠近长岛海岸的地区出现LPI指数与SHDI指数的小幅度上升，说明RP3实施后期对长岛海岸的保护与沿海岸地带城市建设处于较为协调的发展阶段，该地区的景观多样性与景观丰度得到一定提升。

3）绿色空间演变对RP4规划内容的影响浅析

通过本书对RP3绿色空间规划的建设实施情况分析以及对纽约大都市区区域绿色空间在1985—2017年的演变分析可知，这期间该区域的绿色空间规划建设产生了一定正向效益。就区域总体而言，纽约大都市区的耕地呈现了严重破碎化及转为建设用地等人为扰动因素的不利影响，且RP3规划中提出对于区域优势农田的保护也仅在长岛地区得到了一定的实施 。这与RP4绿色空间规划重申了对该区域优势农田的保护及生态开发或存在一定关联，通过评价划分价值级和复合价值农田的识别等规划策略，以实现对纽约大都市区农业生态用地的保护。此外，新泽西州、纽约市及长岛地区南部海岸的SHDI指数相对而言出现了一定程度的降低，这些地区的景观结构稳定性和物种多样性等可能存在降低隐患，这与RP4绿色空间规划重点对这些地区的湿地、沼泽资源等采取系列恢复、保护措施或存在一定相关性。同时伴随着海岸地区愈发严重的气候威胁，RP4在总体层面提出韧性规划的目标。

4.4 本章小结

通过对相关报告等文件资料的研究，结合纽约大都市区第一次至第三次区域规划中绿色空间规划的建设实施情况，本章分析 1985—2017 年纽约大都市区区域绿色空间演变，探究其影响因素及与第三次区域绿色空间规划实施情况的关联性，从而评价该次绿色空间规划在面临资源高消耗、生态持续破坏背景下对绿色空间演变产生的影响。

（1）纽约大都市区区域绿色空间规划建设实施情况自 RP1 至 RP3 时期总体较好，在 RP1 期间形成了以纽约市为核心的区域公园系统，虽未完成所有建设项目，但该时期完成了大量的自然地带私有土地收购，为后续规划的自然土地奠定了基础。在 RP2 和 RP3 时期，各方面规划内容均得到了较好的实施，前者侧重大型保护区、国家公园的设立，后者在区域保护区、开放空间、区域绿道三方面均得到了较好的实施。然而，研究发现早期区域绿色空间规划已完成的建设在一定程度上会随着区域发展、城市建设等原因而受到影响，例如 RP3 时期尽管区域绿道的建设颇具成效，但该区域核心地区在 RP1 时期建设的部分绿道（公园道）已随着城市发展而转变为城市道路。

（2）RPA 长期的努力使区域内各地区的绿色空间都有了显著发展，并且绿色空间成为直接或间接的手段促进了区域内各地区的协调发展，使各州、各地区之间的联系更紧密。20 世纪 20 年代至今，各地区的建设成果侧重不同：在纽约州，纽约市侧重城市开放空间和海滨保护与开发，哈德逊河谷地区侧重平衡地区发展与自然开放空间保护，长岛地区侧重公园网络建立和农业-自然复合价值地区的保护；新泽西州侧重生态恢复和海滨弹性开发；康涅狄格州则以多个地方中心的可持续性开发为重心，同时侧重地区内和联系周边地区的绿道建设。

（3）从 RP3 规划前至实施末期纽约大都市区区域绿色空间演变来看，绿色空间自身作为一个复杂巨系统，一方面会随着自然过程（如自然演替、灾害影响等）的因素影响进行“自组织”的演变，另一方面也会随着规划实施、城市建设、环境污染等外界人工因素进行“他组织”的演变。通过分析可见，RP3 进行了系统全面的区域绿色基础设施构建与生态环境的修复与保护，在规划引导下，绿色空间格局的变化得到了一定的积极反馈，且与 RPA 的规划建设内容具有较强的关联性。这进一步说明，该次区域绿色空间规划的实施效果达到了从量变到质变的高度。然而，该区域前期城市快速扩张对生态环境的破坏需要漫长的时间去恢复，21 世纪该区域又面临了新的生态风险，从而制定了 RP4。

5 纽约大都市区区域绿色空间规划的演进特征

RPA 自成立以来共发布了 4 次区域规划成果，期间还进行了一系列专项研究，均卓有成效。在区域绿色空间规划方面，推动了开放空间系统的形成、绿色基础设施的完善、自然生态系统的保护和弹性宜居地区的建立。本书重点关注 RPA 对绿色空间的规划，探究 4 次区域规划中区域绿色空间规划的异同点及演进特征。

5.1 同质性：区域绿色空间规划演进的内在逻辑

纽约大都市区百年来的区域绿色空间规划虽然在规划背景、目标导向、策略实施等多方面存在较大的差异，但其也存在一定的同质性，表现为规划演进的内在逻辑。主要可以总结为“危机–应对”的规划导向、“战略–精细”化的规划原则以及专项研究的持续发展三个方面。

5.1.1 “危机–应对”的规划导向

“危机理论”是区域规划的内在规律，如美国、欧洲等大都市区规划中区域主义的转变与管治模式更替（Brenner，2002）。20 世纪初期，工业化带来了工厂与新的交通方式，这使得城市爆发增长而远超原有的行政边界，各州难以管理与控制其地区发展带来的问题（Surico，2022）。显然，RPA 的成立以及纽约大都市区的形成，本身就是应对 20 世纪之交城市发展迈向大都市区化而衍生出的区域规划管治危机的方式。

区域绿色空间规划作为区域规划的重要组成部分，在演进中同样呈现出“危机–应对”这一模式。在纽约大都市区至今历时一个世纪的发展进程中，RPA 开展的历次区域绿色空间规划的内在驱动力皆为解决当前面对的社会问题，4 次区域绿色空间规划均体现了对于不同时期社会需求的回应。如 RP1 时期为应对经济繁荣背景下城市过度蔓延以及开放空间数量的匮乏而规划区域公园系统；RP2 时期为遏制城市中心功能衰退和郊区城市化严重的问题进行再集中规划，提升游憩性以保持中心城区的活力，同时大范围保护郊区的自然开放空间；RP3 时期为遏制生态环境再度持续破坏而将环境与经济、公平三者整体考虑，以营造系统性的区域绿色空间；RP4 时期考虑到区域脆弱性的未来威胁，为应对气候变化带来的挑战而提出弹性规划的理念。

这一模式在 RP2 时期开始逐渐完善为“危机–预测–应对”模式。在 1960 年完成的公园、游憩和开放空间的研究中，RPA 综合人口及收入增长、出行距离变化、游憩模式的转变等影响因素的量化分析，预测该区域对公园和其他开放空间的需求量，从而确定截至 1985 年应增加的公园面积。此后，RPA 相继进行了大都市地区蔓延扩张 15 年的空间变化预测（1962 年）、区域土地消耗对环境影响趋势预测（1990 年）、长岛海峡及周边地区未来环境威胁评估（2006 年）、应用替代情景方法预测沿海区域未来灾害的潜在威胁点（2013 年）等规划研究，其对于“危机”的“应对”方式的时效性得以保证，“危机–预测–应对”这一规划的内在模式也逐渐成为范式延续至今。

5.1.2 “战略–精细”化的规划原则

从步入大都市区发展阶段初期至今，纽约大都市区区域绿色空间规划一直保持“区域–州级–地方”的“战略–精细”化的规划编制原则。RPA 作为纽约大都市区区域性管治与规划的行动主体，其工作的基础是制定区域性的战略规划，并在此基础之上设立或监督州级的规划，此外还将协调地方（县、市乃至社区）的详细规划制定实施。同时，能将不同行政区划层面、不同尺度的绿色空间形成联系紧密、管控精细的绿色空间系统。在区域层面通过保护和连接自然区域以保持生境完整，如自然保护区、国家公园、海岸线及河流廊道等；在城市与地方层面通过区域绿道网络串联各种尺度的绿色空间，如城市公园、小微尺度的城市公共空间等，绿色空间规划并不会因为规划尺度的宏观性而丧失其规划本体的细致性。

此外，区域内各个规划层级之间也保证其核心理念与总体目标的一致性，如 2013 年启动、2017 年发布的 RP4 中体现了提升宜居性和自然韧性的目标，其区域核心城市纽约市编制的总体规划依次提出“可持续和韧性”（2015 年版）、“公平、城市为所有人服务”（2019 年版）等目标的相关措施，形成与之高度一致的区域认同。美国的行政体系较为复杂，RPA 在纽约大都市区长期以来以“非政府、非营利”的组织存在，美国地方自治的传统壁垒虽在一定程度上增加了纽约大都市区跨界规划与自然资源协调的阻力，但 RPA 在未形成集权的情况下，在区域绿色空间规划过程中能逐渐协调联邦、州级、县 / 市级乃至地方组织，长久保持“战略–精细”化多层级、高颗粒度的规划原则。

5.1.3 专项研究支撑的持续发展

RPA 作为非政府权威的城市研究及规划组织，长期以来的专项研究保证其规划工作的科学性，使其维持长久的活力。自 20 世纪 20 年代以来，RPA 对土地利用、环境、交通、经济发展等领域问题进行开创性研究，与城市规划师、政策专家、景观规划师和城市倡导者等组成的专业小组共同开展合作，至今共发布绿色空间规划相关研究报告 116 份（总计 402 份）。其专项研究内容也在“新技术时代”的变革驱动下逐渐丰富，如在 RP4 规划与实施期间开展湿地恢复项目以解决海平面上升对潮汐湿地的淹没风险，在牙买加野生动物保护区（Jamaica Bay Wildlife Refuge），RPA 利用生态建模来模拟潮间带盐沼的沉积速率和后退速率，对该保护区的海岸线和盐沼进行保护与生态恢复。总体而言，实现了从一开始基于格迪斯“区域调查”方法实施技术调研而发布的区域调查专项报告，到规划方法随着地理学、景观生态学等的融合呈现更加多元化的革新。

在最近几年发布的专项研究中，RPA 还多次尝试规划工具包的建立及推广，旨在为规划者、专业人士、政府部门、公众等提供绿色空间规划相关的技术手册、指标评估分析工具、交互式在线平台等，如《更好的城镇工具包》中构建了基于网络的交互式资源，帮助专业人士和居民改善街景，提供更好的自然接触方式。近百年来，RPA 的专项研究从最初的辅助、支撑规划等基本功能发展演变为扩展规划影响力、提供公众参与途径等多位一体的研究成果体系。

5.2 异质性：区域绿色空间规划演进的特征变化

随着社会发展、时代背景及阶段性问题的不同，纽约大都市区的区域绿色空间规划在演进过程中其特征发生了多方面的变化，主要体现在规划理念、空间载体、规划价值、财政制度及合作模式等方面。

5.2.1 规划理念在时代变革中的嬗变

经济社会突飞猛进的发展促进城市化发展，也伴随着很多城市问题的产生。相应的规划理念思想受到不同时代的理论及学科发展的影响，发生自然观的转变、视野的扩大以及目标的质变。

1）从功能主义到生态优先

自然观是世界观的一部分，是用以化解人与自然关系矛盾的普遍原则与哲学依据（叶冬娜，2021）。RPA 自成立起便致力于保护区域范围内的自然环境，其绿色空间规划理念的自然观在百年间发生了从功能主义到生态优先的转变。

在 RP1 时期建立公园体系与风景道系统，以满足城市爆炸式增长过程中对于绿地的需求；RP2 时期呼吁保护自然资源，提出城市周边的国家公园概念，并创建了一个近 4000km^2 的开放空间系统。1992 年通过的《地球宪章》影响了 21 世纪的环境观念，RPA 意识到不应以单一领域的“纵向”眼光看待区域问题，环境保护是经济发展过程中不可或缺的一部分而非其对立面。因此 RP3 时期将环境保护上升到一个新的高度并提出绿地策略，采取重建自然生态系统的方式营造受保护的开放空间，强调人与自然的和谐发展；RP4 时期则提出弹性规划框架，并提出重建（Rebuilding）、抵制（Resisting）、保留（Retaining）、恢复（Restoring）、撤退（Retreating）的 5R 原则，让城市在应对不确定的自然灾害时更具韧性。

2）从区域一体化到全球共识化

大都市区在美国属于统计范畴上的划分，并非修改美国现有行政区划体系。RPA 较早意识到纽约是一个巨大的区域经济系统和自然生态系统中的一部分，并在纽约及其周边地区进行统一区域规划；自 RP2 起区域视野扩大，其研究范围在 1947 年拓展至 22 个县，随后在 1965 年拓展至 31 个县，最终将规划研究面积增加为原来的 2.3 倍。RP3 之后，纽约大都市区重新确立了其在国家乃至国际舞台上的重要地位，与其他地区及欧洲、日本的区域发展领域的学者开展协作 (Bromley，2001)。在 RP4 时期，其研究视野进一步扩大，多次与美国林肯土地政策研究所、国家公园管理局、农业部林务局等机构协作开展美国东北大区域景观保护规划、东北部城市群绿色基础设施战略等。此外，RPA 致力于应对气候变化挑战并组建国际咨询委员会，从全球化的角度应对人类面临的问题。

3）从提升绿色空间容量到聚焦人居环境品质

第一、第二次区域规划中，绿色空间规划皆重在扩大公园面积，并在城市中增加点状和线状的开放空间，使纽约大都市区的人均公园持有量成倍上升。RP2 时期除绿色空间的增量提升以外，还着眼于该区域品质欠佳的公园、未利用的郊区空间的恢复与景观改善，同时意识到自然开放空间系统保护的重要性。RP3 开始着重提升绿色空间的社会效益与生态效益，从森林资源、雨水循环、基础设施等方面提高其景观品质。而 RP4 则上升到人居环境的品质提升，提出经济性、包容性、宜居性的发展目标，在增强整个区域环境韧性的同时创建兼具宜居性与可持续性的社区。总体来看，4 次区域规划中反映出 RPA 对于绿色空间规划理念呈现出从追求绿色空间容量的提升转变为绿色空间的高品质发展。

5.2.2 绿色空间载体从单一组合到多维拓展

纽约大都市区形成于 20 世纪初，美国城市的迅速扩张与繁荣、建设用地的飙升使绿色空间严重不足。RP1 处于大都市区对于绿色空间容量需求的规划背景下，在这一时期绿色空间的形式主要为以游憩功能为主的城市近郊和远郊公园，以及兼具区域交通与游憩功能的公园道和滨水廊道等。随着 20 世纪 60 年代生态思想的影响，RP2 时期的绿色空间形式突破公园、公园道的单一组合，自然开放空间受到了极大程度的重视，RPA 将松林、湿地、生物栖息地等区域划定自然保护区，在保护自然的前提下建立兼具生态与游憩功能的游憩用地，其中部分后来成为国家游憩区与国家公园。此外，这一时期，规划将社区绿色空间作为单独类型设立，并将其融入周边地区的绿色空间共同规划。

区域绿色空间的形式随着 20 世纪 90 年代美国农业部林务局（USDA Forest Service）“绿色基础设施”项目的实施而逐渐完善立体(Benedict，2002)，成为保护自然生态系统价值并为人类提供相关效益的绿色网络。RP3 时期的“绿地”策略使大都市地区的区域绿色空间形成串联自然与城市的绿色网络体系，绿色空间载体涵盖了海岸、森林、山脉等区域连续性自然资源，以及各类公园和连通区域生态系统的绿道网络。进入 21 世纪以来，RPA 对于区域绿色空间的理解已突破狭隘的物理空间成为容纳生态过程的流动空间。绿色空间的载体包括自然区域、农业用地、公园及开放空间、相互连接的绿道网络等所有维持物种生态过程、具有社会及环境效益的绿色基础设施，共同组成了该区域的生态屏障与人居环境。

5.2.3 规划价值从被动需求到城市治理的重要途径

RPA 在成立初期进行的区域绿色空间规划可以被视为城市爆炸式发展中的被动需求，以满足游憩需求和环境需求的被动式绿地规划。RP1 时期，时任美国总统胡佛（Herbert Hoover）在 1922 年纽约及其周边地区委员会第一次会议上说：“……缺乏足够的开放空间、游乐场和公园、街道拥挤……道德和社会问题只能通过新的城市建设理念来解决。”这一时期区域公园系统的规划虽已初步意识到绿色空间规划与城市的发展密不可分，但仍以单一式增量及空间的使用功能为主。在郊区化蔓延的背景下，RP2 时期形成的区域连续性绿带成为遏制城市无序发展、控制城市蔓延的区域空间治理手段。

RPA 在过去的实践中逐渐意识到绿色空间应当被视为一个区域系统，与住房、就业和交通建设形成密切联系。RP3 的编制将区域经济（Economy）、社会公平（Equity）与区域环境（Environment）列为紧密关联的“三大核心要素”（3E 要素），并制定包含绿色空间规划在内的 5 类专项规划使三大核心要素合力促进区域发展。RP4 时期的绿色空间规划重在解决可持续性与宜居性不足，与区域的自然生态系统和城市生态系统息息相关。RPA 百年来的区域规划中，绿色空间规划已从被动需求演变为空间治理与城市发展的重要途径。不难看出，区域绿色空间具有经济、社会、生态等多重效益，区域绿色空间规划能够协调土地利用与更广泛的区域发展目标 (Yaro 和 Hiss，1996)，其不仅仅只是单一、纵向的专项规划，而是在保证其独立性的同时能与其他规划（交通、经济、水利等方面）相辅相成，共同组成区域空间规划并促进区域发展。

5.2.4 规划与实施过程中财政制度从冲突到化解

纵观 RPA 在纽约大都市区的区域绿色空间规划与实施进程，地方自治权和土地私有制导致区域与地方、公共与私人的矛盾在其发展之初就已经存在。RP1 的准备工作（包含绿色空间规划在内）大约花费 120 万美元，成为美国有史以来耗资最大的规划工作 (Johnson，2015)。尽管如此，该时期 RPA 的部分提案仍然因为政治、土地权属、后期资金问题未得以实现，如城市腹地的海滩因土地收购成本过高而未得到保护及利用。此后的规划实践中，RPA 尽可能考虑协调财政方面的障碍，使其从冲突到逐步化解。一是政治方面，通过推进州级和地方颁布新的法案、建议联邦制定相关政策以及建立区域内多层组织管理和地区委员会来协调；二是资金方面，主要通过吸引更多基金会投入、争取国家财政专项拨款以及协调地方专项资金划定、税收改革等途径。

RP2 时期为确保绿色空间规划的实施，在财务和法律方面进行了针对性考虑，如划定半私有制土地，同时各州依照纽约州 7500 万美元标准和“公园和游憩土地征用法”为市和县提供配套补助金 (Siegel，1960)、预先收购公园建设所需土地以避免未来土地收购成本增长等；

在RP3制定过程中，考虑到其后续实施而制定加大资金投入计划，RPA预估绿色空间规划将投入成本110亿美元[1]，提出包括建立三州基础设施银行在内的25年的投资远景战略，同时制定三州协议以确保州长、政府官员、各界领袖对关键行动的共同实施等；RP4则着力于应对气候挑战的财政制度改善，其最为关键的一项是建立区域沿海委员会（Regional Coastal Commission）整合交通管理、卫生健康和环境保护等部门以统筹管理区域内脆弱的海岸，并且在各州建立气候适应信托基金（Adaptation Trust Funds）以避免联邦资金投入不足的规划实施障碍。同时，RP4为每一项提案详细制定相应的“投入”计划以确保规划建设的实施。

此外，RPA在近百年规划工作、科学研究的开展中，从最初罗素·赛奇基金会的单方面资助逐渐吸引更多的基金会投入资金（图5-1）。

5.2.5 政府、组织及公众合作模式从缺位到拓展完善

长久以来，RPA在规划过程中逐渐形成较为模范的公私合作、公众参与模式：政府、商业和公民领袖的私人协会的合作以及跨越经济部门、政治边界和职能学科的能力，创造“自下而上”的策略以指导州政府、地方以及商业和公民组织的行动。

1）政府、组织合作方面

RPA在成立之初，除了与罗素·赛奇基金会的资金合作，与之合作的仅为各地方政府。自RP1实施末期，逐渐拓展了与非官方组织的合作关系。20世纪50年代，RPA首次与哈佛大学合作开展大都市地区研究，由此产生的多个经济、环境、行业等相关内容的报告为RP2的各项规划制定奠定了基础。此后，RP3时期的合作关系网络进一步拓展，在区域内与新泽西州规划办公室、康涅狄格土地联盟、布鲁克林绿岛协议等相关团体进行合作；在国家层面与国家公园管理局开展海滩恢复及建立滨河公园的固化研究；在开展全球合作方面，RPA通过组织来自美国、北美洲其他地区、欧洲及日本等国家专业学者的网络顾问团队，就区域绿道规划、自然资源保护、棕地改造、郊区设计等各方面进行规划研讨。该次区域绿色空间规划还额外得到旧金山绿带联盟、芝加哥开放空间计划前成员、美国农业部森林服务中心等的实践经验，以进一步提升规划成果的严谨性。

1　其中包括区域性保护区60亿美元、绿道10亿美元、城市公园/自然资源/滨水区开发40亿美元。

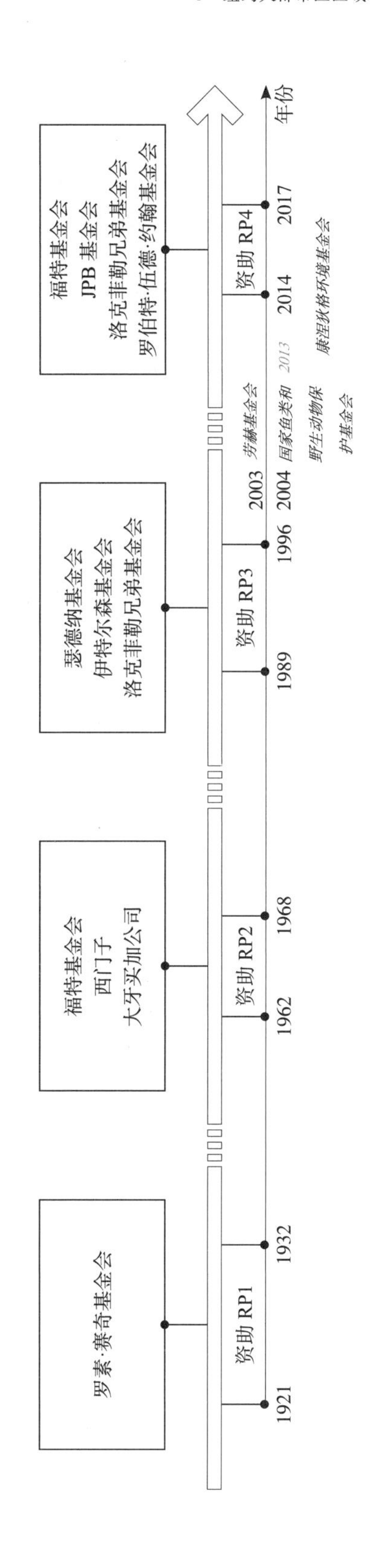

图 5-1 资助主体基金会变化时间轴

RP4 时期在延续多方合作的基础上，构建更为完善的组织合作框架（图 5-2），针对重点实施项目成立技术咨询委员会。同时开创性地建立市长城市设计学院（Mayors' Institute on City Design），为公职人员提供城市规划、景观建筑、宜居社区等方面研讨学习的途径。

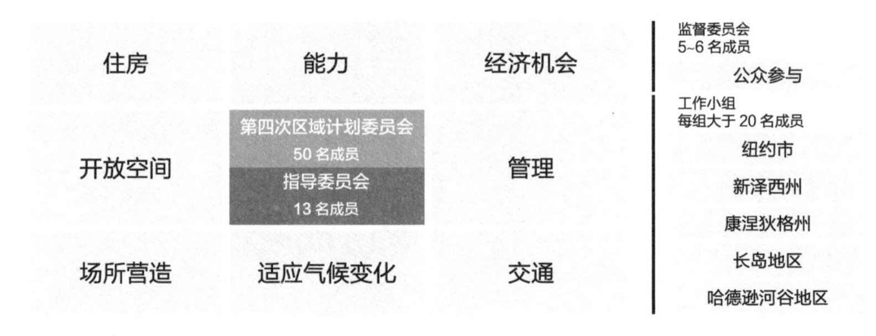

图 5-2　第四次区域规划组织合作框架（来源：Michaelson，2012）

2）公众合作方面

在 RP1 期间，RPA 仅在其提案中提议通过宣传教育的方式提升公民参与规划事务的责任感，但并未实践公众参与的形式。直到第二次区域规划开展之初，RPA 将公众参与的概念从简单的提案宣传扩展到社区参与和公众咨询，正式确立了较为完整的公众参与制度。这一新制度主要包括：①组织有数千名公众参与的会议、谈话和研讨会，以讨论展示规划各方面的提案与草图展示；②协调一个由 125 名各业界公民组成的委员会，以获取对规划方案的反馈建议；③通过研讨会形成问卷，内容包括绿地需求、游憩偏好、街道空间、居住环境和通勤时间等各方面，形成范围更广的民意调查。此外，RPA 利用电视纪录片宣传这一当时的尖端技术来扩展公众参与规划的途径。

RPA 在 20 世纪 60 年代采用的公众参与方法最终成为美国乃至世界各地制定规划的典范。在此之后的 RP3、RP4 期间同样延续并完善这一制度，定期实行民意调查并开展讲座与年度会议。在最近一次区域规划中，RPA 编制了更为详细、形式多样的公众参与制度，包括 4 个层面：①建立长期持续深入参与规划全过程的 50 人基层委员会；②在规划过程与实施的关键节点，对不同地区的居民、工人进行满意度调查；③将规划成果与未来研究成果形成智能交互平台，旨在促进公众建言献策；④成立公众参与督察委员会以确保规划者“参与公众参与相关活动”。至此，公众参与模式已形成完善成熟的范式制度。

总结与探讨 6

RPA 在纽约大都市区近一个世纪的探索实践表明，对都市区绿色空间的整体规划可兼顾大城市及其周边地区的协调发展。其多个时段、成果多元、实践丰富的区域绿色空间规划经验对我国具有重要的借鉴与启示意义。

6.1 纽约大都市区区域绿色空间规划总结

通过对纽约大都市区 4 次区域规划中涉及绿色空间规划的内容及其演进特征进行分析，从空间范畴、规划内容、编制路径、实施体系 4 个方面，提出对中国城市群及都市区区域绿色空间规划的启示。

6.1.1 空间范畴：树立跨越行政藩篱的区域统筹理念

统筹区域发展是区域经济发展到一定阶段的必然要求，也是城市发展的未来方向，明确统筹区域发展的目标、确定统筹区域发展的内容、选择统筹区域发展的途径，最终实现区域协调发展 。

1）提升规划地位，形成融入国土空间规划的规划视野

在国土空间规划“多规合一”与区域一体化建设的背景下，目前我国已于 2021 年发布《都市圈国土空间规划编制规程（报批稿）》。区域绿色空间规划需在其总体目标、规划期限等方面与上级国土空间规划保持同步，作为协调区域间生态资源与游憩资源的重要专项协同性规划，应适当提升其规划地位与重要性。同时，区域绿色空间规划应从主动需求出发，协调开放空间、公园系统及连续性自然资源，并协同交通网络、公共服务、基础设施等其他都市圈国土空间专项规划，共同促进区域发展。

2）建立跨部门、跨辖区的规划行动实体组织

党的十九大报告提出深入实施区域协调发展战略，进一步要求在区域绿色空间规划层面应当打破行政边界，寻求跨区域合作体制，在市域、省域乃至城市群域树立区域统筹理念。RPA 的经验表明了绿色空间规划的区域途径在区域生态资源管治及区域绿色空间联动保护方面具有生态战略意义。城市间的联系在步入快速城市化阶段之后愈发

紧密，我国已出现京津冀、长三角、珠三角等跨区域联动发展的城市群。目前国内部分地区已建立城市群、都市圈等区域建设的规划行动实体，如上海大都市圈规划研究中心等，需要进一步形成各城市群、都市圈等的区域绿色空间规划的行动组织，同时建立长期协调机构以便于协调各部门、各行政辖区的工作及意见，从而有利于区域绿色空间规划的编制与落实，加强其在区域规划中与其他各专项规划的协调与融合。

6.1.2 规划内容：构建空间与时间维度迭和的多层次体系

空间和时间的依存关系表达着事物客观存在的演化秩序，两者密不可分。从规划内容出发，多角度、多维度进行二者的统一，在空间丰富基础上确保一定时效性。

1）空间层面注重多尺度统筹，提升规划层次丰富性

由 RPA 的经验可知，区域绿色空间规划不能仅停留在区域的宏观尺度，要同时确保不同行政层级空间的精细化和地方可实施性。美国自 21 世纪初开始实行国家绿色基础设施规划，区域层面的规划以此为基础原则进行设立，同时向下细分州、地方（市县）、社区等层级的规划。我国多个城市群、都市区的绿色空间规划目前大多停留在区域的宏观层面，通过借鉴美国及其纽约大都市区的经验，可以形成区域总体的绿色空间战略与区域内多层级、精细化的绿色空间规划体系，同时在微观层面横向延伸诸如绿色屋顶计划等多类别的专题性规划。

2）时间层面建立动态化预测系统，确保规划成果时效性

在快速城镇化发展的新阶段，区域绿色空间规划既要协同区域总体规划，又要在区域建设快速发展中保证较强的适应力，同时也应具备面对不同环境挑战的应对能力，需要注重规划内容体系时效性和动态性的提升。RPA 在大都市区区域绿色空间规划中对该地区的未来进行情景模拟与演变预警，以形成更具灵活调控功能的替代情景方案。我国应突破以往静态的“规划–现状”的被动规划措施，采用多源数据的动态监测与模拟（如气候变化、城市扩张、空间流动性等），形成动态预测、灵活调控的绿色空间规划系统，从而实现生态效益最大化和规划内容可持续性。

6.1.3 编制路径：耦合多学科的方法机制与协同多主体的合作路径

多学科交叉融合是创新的源泉，积极探索多学科交叉融合的有效

途径，激发创新活力，提高创新质量，为规划研究提供有力支撑。同时，创新科技的出现和发展都是人机环境系统的产物，资本与技术在这个系统中所起的作用非常重要。此外，规划为民众服务，也更需要民众参与。

1）融合多学科理论，强化规划研究支撑

在国土空间规划背景下，多方法、多学科的规划方法更适用于现阶段的绿色空间规划。RPA 在纽约大都市区区域绿色空间规划的进程中，协同多学科的科研组织，立足数百份专项研究报告，以更具科学性的规划方法指导其规划。在最近一次对于海岸线生态恢复的研究中，RPA 与罗格斯遥感和空间分析中心、牙买加海湾弹性研究所等科研组织进行合作，其在规划过程中已形成了较为完善的方法体系。我国在绿色空间规划中可适当综合城市规划学、风景园林学、生态学等专业领域前沿研究成果与技术方法，如生态系统服务理论（ESs）、景观绩效评价体系（LPS）等，在此基础上搭建规划方法的研究平台，在区域绿色空间规划中形成专项研究报告的科学支撑，建立适用于我国的绿色空间评估与规划方法体系。同时，各类规划研究工具可分类形成具有推广使用效应的基础工具包，如弹性规划工具包、气候变化工具包等，并不断更新完善这类技术工具。

2）寻求多方合作，完善技术与资本参与

近 100 年来，RPA 一直以第三方组织的角色影响着纽约大都市区绿色空间规划及政策制定，联合来自政府、商业和社会组织的领导人及专业人士进行规划研究。同时，RPA 作为非营利性组织，通过公益机构、社会募集、建立专项基金、财政资金扶持等途径实现规划的经济支持。我国在进行区域绿色空间规划进程中，应当努力构建由政府及非政府组织多方治理的规划模式：①组织多学科合作与技术参与。规划行动主体可协同高校、科研机构，开展高校、企业、政府多方协作的专项规划课题，融合多学科研究分析指导区域绿色空间规划；②吸引社会公私多方资本投入。我国应适当改变政府单一主导的方式，积极鼓励社会资本的参与，寻求多方技术力量的合作，进而从科学性、互动性、时序性上形成更加合理的规划。

3）凝聚公众力量，建立公众参与机制

纽约大都市区自第一次区域规划时期便已经意识到公众责任意识的重要性，并逐次完善其公众参与制度。公众参与制度已在美国、日

本、英国等各个发达国家的规划编制前、中、后期完善。我国虽已经在法规制度上将“公众参与制度”列入其中，但目前公众仍处于被动告知与接受的初级参与阶段。我国应当完善公众参与的规划运行机制，突破停留于征询与调查的浅层参与的局限性与形式化，实现基于合作性与决策性的实质参与。

区域绿色空间规划具有复杂的规划主体和跨辖区的规划范畴，需要完善不同阶段的公众参与机制，如在规划前期进行公众满意度、需求等调查研究；在规划过程中组织不同规模的公众监听讨论会等参与形式以实现对公民决策权和民主意愿的提升，同时建立区域、市县级、社区等不同地方层级的公众代表咨询委员会以提供不同利益相关者群众团体的咨询服务；在规划后审批阶段，落实公众监督、建议的咨询平台与有效途径。同时，提升规划成果的公开透明性，利用在线平台进行呈现，利用可视化互动工具包对公众进行专业层面的科普指导，也能更好地获取公众建议并提升公众的参与感，同时也能在一定程度上提升规划的社会影响效应。

6.1.4 实施体系：形成管理与评估并重的规划实施体系

管理评估的根本特征在于对管理体系或某种特定的管理方法进行要素化的认识，以发现其主要组成及其构成特点，从而有利于对管理现状作出精细而准确的评价，或者对某种管理方法是否适合规划发展等作出判断和决策。

1）完善政策体系与实施工具

区域绿色空间规划的成功离不开良好的规划实施政策体系，纽约大都市区区域绿色空间规划通过国家及区域的公共政策工具来提升规划实施的有效性。在土地所有权方面实行不限制建设绿色空间的土地购买政策等，同时实行开放空间预留、自然资源保护的法规政策和激励措施。这些公共政策与实施工具部分将细分州和地区的不同情况，以更好实现跨区域的规划实施。我国需要拓展行政法规控制层面的实施工具，建立包含社会、经济等多方面的公共政策，从而实现规划传导与实施的有效性。

2）实行上下结合的规划管控思路

美国的地方自治权及非政府组织的决策权使其具有一定程度的“自上而下”与“自下而上”结合的规划管控策略优势。RPA 在进行区域绿色空间规划时，基于上至国家战略规划与法规（如《美国 2050

战略》)，通过跨区域边界的合作促进国家大型绿色基础设施系统的构建等；下至协调地方政府机构（如奥兰治县规划部）、组织（如康涅狄格绿道委员会），建立区域绿色空间规划管理与地方层面（政府、组织）的协调管治。我国行政秩序和规划体系保证了规划在自上而下路径的强效管控，同时《中华人民共和国土地管理法》也保证了政府对绿色空间建设更大的监督权。在跨行政边界的大区域绿色空间规划与管控中，加强不同行政边界之间的横向管理以及地方层面自下而上的决策与管控将提升绿色空间规划的实施效率。这在珠三角区域绿道规划与建设中得到了较好的实践经验，说明其在我国其他相似区域的可实施性。

3）建立科学的实施评估与反馈机制

RPA 在规划中将依据拟定规划方案发布其实施计划（如《可持续发展实施计划》)，并在实施阶段定期发布实施进展的评估报告。同时，在纽约大都市区各州及国家层面将进行环境影响评价（EIS）并将结果向公众公开，以此评价当下环境状况并为相关规划决策机构提供信息与建议。因此，借鉴美国的经验，我国在进行区域绿色空间规划时不仅需要规划编制过程中的评价体系，还需要构建规划实施后有效性评价、监测的指标体系为规划调整及不同区域的规划提供科学依据。同时，不断优化评价方法使区域绿色空间规划更加合理，以满足多功能、多地区的不同要求。此外，还可实行规划实施进展报告等公开制度，形成社会多方的效应反馈机制，进一步完善区域绿色空间规划的实施评估及反馈体系。

6.2 展望

本书以纽约大都市区区域绿色空间规划为研究对象，系统梳理总结其自 20 世纪 20 年代以来的发展历程、规划内容、实施成效，进而总结其演进特征与经验价值，填补了纽约大都市区区域规划缺少绿色空间规划系统性研究的空白，完善了美国纽约大都市区域的相关研究。同时也在一定程度上丰富了我国对于跨越行政边界的大尺度城市绿色空间规划研究，研究成果亦可作为都市圈、城市群等区域的绿色空间规划工具使用。由于前文已做过总结，现对研究结论做重点概述：

（1）纵观纽约大都市区自 20 世纪 20 年代至今的区域规划发展，其规划内容丰富、体系庞大，且历次区域规划皆注重区域绿色空间的规划与发展。4 次区域规划期间，其绿色空间规划分别形成了以功能主义为导向的绿色空间增量（RP1）、郊区化背景下的绿色空间保护与设立（RP2）、点线面一体的全域绿色基础设施网络形成（RP3）、以气候变化应对和健康福祉提升为导向（RP4）4 个不同的主题特征。区域绿色空间规划总体目标与区域总体规划紧密联系，并且考虑到区域规划中其他专项规划的衔接关系，在不同规划尺度进行协调。

（2）纽约大都市区区域绿色空间规划建设实施情况自 RP1 时期至 RP3 时期总体较好，且在 RP3 时期系统全面的区域绿色基础设施构建与生态环境的修复与保护下，绿色空间格局的变化得到了一定程度上积极的反馈并与规划具有较强的关联性，使该区域的生态环境得到较好改善。区域内各地区绿色空间发展取得显著成效，且促进了区域内各地区的发展与协调，形成各州、各地区之间更紧密的联系，这得益于 RPA 的长期努力；但早期已完成的建设在一定程度上会随着区域发展、城市建设等原因而受到破坏与改建。20 世纪 20 年代至今，RPA 在该区域各地区的建设成果侧重不同，且并非与规划初始的预期计划相符，实施内容会随着实施进展与突发情况而发生动态灵活变化。本书证明了在面临资源高消耗和生态环境持续破坏的背景下，紧密联系、管控精细、科学配置的区域绿色空间规划可以对区域的生态协调与人居环境提升起到良好的恢复引导作用。而区域绿色空间自身作为一个复杂巨系统，一方面会随着自然过程（如自然演替、生物变迁、灾害影响等）的因素影响进行“自组织”的演变，另一方面也会随着规划实施、城市建设、环境污染等外界人工因素进行“他组织”的演变。

（3）本书从总体上对百年间 RPA 引导下的纽约大都市区区域绿色空间规划演进特征进行研判，以形成更好的借鉴。从宏观上来说，分为同质性与异质性的演进特征。同质性特征主要为其演进的内在逻辑，包括“危机–应对”的规划导向、“战略–精细”化的规划原则和专项研究支撑的长期保持这 3 个特征。从演进特征的变化来看主要包括规划理念、空间形式、规划价值、财政制度、合作模式 5 个方面：规划理念层面发生了从功能主义到生态优先、从区域一体化到全球共识化、从提升绿色空间容量到聚焦人居环境品质的转变；绿色空间形式层面由公园、公园道的单一组合，逐步发展为区域绿色基础设施的多维拓展；规划价值层面从满足需求的被动式绿地规划，到如今成为紧密联系区域环境、社会公平与区域经济的城市治理途径；规划与实施中财政制度层面化解了早期较大的财政障碍，进行政治制度的协调和资金获取的拓展；合作模式层面由早期的缺位到现如今政府、组织合作方面与公众合作方面的拓展完善。同时基于此以及我国区域绿色空间规划与实践现状，从空间范畴、规划内容、编制路径和实施管控 4 个方面提出启示。

（4）跨越行政边界的区域绿色空间规划对城市群、都市圈等区域的区域自然资源协调、生态环境发展、生态游憩改善等具有重要意义，从而进一步促进城市建设与区域发展。本书集中梳理与总结了世界典型大都市区区域绿色空间规划的良好经验，以求在一定程度上扩大其规划的影响力。希望本书的成果能成为我国区域绿色空间规划的初步理论基础，以提升对于跨越行政边界的区域绿色空间规划模式的应用与推广。

本书以美国纽约大都市区总体规划的历史发展视角，深入剖析其区域规划中的绿色空间规划，在美国纽约大都市区的经验借鉴基础之上，对我国的区域绿色空间规划现状提出适用性启示，但选取研究对象为国外的都市区区域，其社会背景与政策方面与国内具有一定差异性，故存在一定不足之处：

（1）纽约大都市区虽为美国最发达的都市区，但美国的区域绿色空间规划在旧金山都市区、东北大区城市群都有较好的实践经验，后续研究应扩大研究范围与对象，形成更为完善的美国区域绿色空间规划研究。

（2）区域规划是一项极其复杂的工作，具有协调城市发展各方面的性质。区域绿色空间规划仅作为其中的一部分，后续研究应深入研究其与其他专项规划的协同作用和协调机制。

参考文献

[1] 蔡文博 , 韩宝龙 , 逯非 , 等 . 全球四大湾区生态环境综合评价研究 [J]. 生态学报 , 2020, 40(23): 8392-8402.

[2] 蔡玉梅 , 高延利 , 张建平 , 等 . 美国空间规划体系的构建及启示 [J]. 规划师 , 2017, 33(2): 28-34.

[3] 柴舟跃 , 谢晓萍 , 尤利安 · 韦克尔 . 德国城市群内区域公园规划管理手段研究——以莱茵美茵区域公园为例 [J]. 国际城市规划 , 2016, 31(2): 110-115.

[4] 陈君娴 , 杨家文 . 美国区域交通规划——发展需要与空间管治应对 [J]. 城乡规划 ,2018(2):98-105.

[5] 陈伟 , 赵杨 , 杨正 , 等 . 基于洪涝风险分析的纽约市城市绿地规划设计及其对中国的启示 [J]. 环境工程 , 2020, 38(4):5.

[6] 崔功豪 . 城市问题就是区域问题——中国城市规划区域观的确立和发展 [J]. 城市规划学刊 , 2010 (1): 24-28.

[7] 丁国胜 , 付晴 . 纽约市城市规划响应气候变化的经验与启示——基于“3 个规划”的分析 [J]. 现代城市研究 , 2021(4): 50-55.

[8] 丁宇，张雷 . 区域绿地主要生态功能研究进展 [J]. 西北林学院学报，2018（6）：279-286.

[9] 傅家仪 , 臧传富 , 吴铭婉 . 1990—2015 年海河流域土地利用时空变化特征及驱动机制研究 [J]. 中国农业资源与区划 , 2020, 41(5): 131-139.

[10] 郝思梦 . 大都市区中公共事务治理主体的整合机制研究 [D]. 武汉 : 华中师范大学 , 2015.

[11] 洪世键 , 黄晓芬 . 大都市区概念及其界定问题探讨 [J]. 国际城市规划 , 2007(5): 50-57.

[12] 侯波 . 京津冀城市群绿道系统规划研究 [D]. 北京 : 北京交通大学, 2018.

[13] 侯晓蕾 . 生态思想在美国景观规划发展中的演进历程 [J]. 风景园林 , 2008(2): 84-87.

[14] 胡序威 . 国土规划与区域规划 [J]. 经济地理 , 1982(1): 3-8.

[15] 黄槟铭 , 李方正 , 李雄 . 耦合空间规划体系的区域绿地规划思路 [J]. 规划师 , 2020, 36(2): 5-11.

[16] 季益文，张浪，张青萍，等．区域绿地概念形成脉络与深层发展研究 [J]. 中国环境管理，2021, 13(1): 88-95.
[17] 姜允芳，石铁矛，苏娟．美国绿道网络的实施策略与控制管理 [J]. 规划师，2010, 26(9): 88-92.
[18] 姜允芳，石铁矛，赵淑红．英国区域绿色空间控制管理的发展与启示 [J]. 城市规划，2015, 39(6): 79-89.
[19] 姜允芳，石铁矛，赵淑红．区域绿地规划研究——构筑绿色人类聚居环境 [J]. 城市规划，2011（8）：27-36.
[20] 李栋科，丁圣彦，梁国付，等．基于移动窗口法的豫西山地丘陵地区景观异质性分析 [J]. 生态学报，2014, 34(12): 3414-3424.
[21] 李潇．德国"区域公园"战略实践及其启示——一种弹性区域管治工具 [J]. 规划师，2014, 30(5): 120-126.
[22] 刘亦师．区域规划思想之形成及其在西方的早期实践与影响 [J]. 城市规划学刊，2021(6):109-117.
[23] 刘铮．都市主义转型：珠三角绿道的规划与实施 [D]. 广州：华南理工大学，2017.
[24] 马祥军．都市圈一体化交通发展战略研究 [D]. 上海：上海交通大学，2009.
[25] 马向明，吕晓蓓．区域绿地：从概念到实践——一次"协作式规划"的探索 [J]. 城市规划，2006(11): 46-50.
[26] 孟美侠，张学良，潘洲．跨越行政边界的都市区规划实践——纽约大都市区四次总体规划及其对中国的启示 [J]. 重庆大学学报(社会科学版), 2019, 25(4):22-37.
[27] 钱紫华．都市圈概念与空间划定辨析 [J]. 规划师，2022, 38(9): 152-156.
[28] 石崧，宁越敏．平衡大都市区空间结构的基础：都市区绿地系统 [J]. 国外城市规划，2005(6): 21-26.
[29] 苏娟．中国都市区域绿色空间的实施策略探讨 [J]. 建筑与环境，2011, 5(2): 8-11.
[30] 陶希东．美国纽约大都市区治理：经验、教训与启示 [J]. 城市观察，2021(2):85-95.
[31] 田莉．纽约大都市区规划 [J]. 城市与区域规划研究，2012, 5(1): 179-195.
[32] 王甫园，王开泳．珠江三角洲城市群区域绿道与生态游憩空间的连接度与分布模式 [J]. 地理科学进展，2019, 38(3): 428-440.

[33] 王鹏 , 陈亚 , 何友均 , 等 . 区域绿色空间用途管制理论分析与关键问题识别 [J]. 生态经济 , 2019, 35(9): 177-181.
[34] 王鹏 , 张秀生 . 国外城市群的发展及其对我国的启示 [J]. 国外社会科学 , 2016(4):115-122.
[35] 王世福 , 刘联璧 . 从廊道到全域——绿色城市设计引领下的城乡蓝绿空间网络构建 [J]. 风景园林 , 2021, 28(8): 45-50.
[36] 王馨羽 , 李梦雨 , 刘煜 , 等 . 纽约大都市区区域绿色空间规划演进（1922—2020 年）及启示 [J]. 风景园林 , 2021, 28(12): 63-69.
[37] 王秀兰 , 包玉海 . 土地利用动态变化研究方法探讨 [J]. 地理科学进展 , 1999(1): 83-89.
[38] 王旭 . 美国城市发展模式 [M]. 北京 ：清华大学出版社 , 2006.
[39] 温玉玲 , 李红波 , 张小林 , 等 . 近 30 年来鄱阳湖环湖区土地利用与景观格局变化研究 [J]. 环境科学学报 , 2022: 1-10.
[40] 武廷海 , 高元 . 第四次纽约大都市地区规划及其启示 [J]. 国际城市规划 ,2016,31(6):96-103.
[41] 熊健 , 孙娟 , 屠启宇 , 等 . 都市圈国土空间规划编制研究——基于《上海大都市圈空间协同规划》的实践探索 [J]. 上海城市规划 , 2021(3): 1-7.
[42] 闫水玉 , 赵柯 , 邢忠 . 美国、欧洲、中国都市区生态廊道规划方法比较研究 [J]. 国际城市规划 , 2010, 25(2): 91-96.
[43] 杨帆 , 段宁 , 许莹 , 等 ."精明规划"与"跨域联动"：区域绿地资源保护的困境与规划应对 [J]. 规划师 , 2019, 35(21): 52-58.
[44] 叶冬娜 . 中西自然概念的历史嬗变与自然观变革的实质 [J]. 自然辩证法研究 , 2021， 37（2）：107-112.
[45] 张沛 , 王超深 . 出行时耗约束下的大都市区空间尺度研究——基于国内外典型案例比较 [J]. 国际城市规划 , 2017,32(2):65-71.
[46] 张威 . 美国区域规划协会研究 [D]. 上海 ：华东师范大学 , 2008.
[47] 张晓佳 . 城市规划区绿地系统规划研究 [D]. 北京 ：北京林业大学 ,2006.
[48] 张云路 , 马嘉 , 李雄 . 面向新时代国土空间规划的城乡绿地系统规划与管控路径探索 [J]. 风景园林 , 2020, 27(1): 25-29.
[49] 赵丹 , 李锋 , 王如松 . 城市土地利用变化对生态系统服务的影响——以淮北市为例 [J]. 生态学报 , 2013, 33(8): 2343-2349.
[50] 赵凯茜 , 姚朋 . 伦敦环城绿带规划对我国山水城市构建的启示 [J]. 工业建筑 , 2020,50(4):6-9.

[51] 郑曦，张晋石．北林园林设计 70 年——响应伟大时代需求，绘就美丽中国画卷 [J]. 风景园林 ,2022,29(S2):18-22.

[52] 中共增城市委、增城市人民政府．关于实施全区域公园化战略的意见 [R]. 广州 : 2008.

[53] 周恺，孙超群．百年交响：四次纽约大都市区规划的历史演化分析 [J]. 城市发展研究 ,2021,28(10):15-22.

[54] 朱仕荣，卢娇．美国国家公园资源管理体制构建模式研究 [J]. 中国园林，2018（12）：88-92.

[55] Abbott J. Planning for complex metropolitan regions: A better future or a more certain one[J]. Journal of Planning Education and Research, 2009, 28(4): 503-517.

[56] Abercrombie P. Regional planning[J]. The Town Planning Review, 1923, 10(2): 109-118.

[57] Alfsen-Norodom C, Boehme S E, Clemants S, Corry M, Imbruce V, Lane B D, et al. Managing the megacity for global sustainability: the new york metropolitan region as an urban biosphere reserve[J]. Ann N Y Acad Sci, 2004, 1023: 125-141.

[58] Artigas F J, Grzyb J, Yao Y. Sea level rise and marsh surface elevation change in the Meadowlands of New Jersey[J]. Wetlands Ecology and Management, 2021, 29(2): 181-192.

[59] Benedict M A, McMahon E T. Green infrastructure: smart conservation for the 21st century[J]. Renewable Resources Journal, 2002, 20(3): 12-17.

[60] Binnewies R O. Palisades[M]//Palisades. New York: Fordham University Press, 2022.

[61] Brenner N. Decoding the Newest "Metropolitan Regionalism" in the USA: A Critical Overview[J]. Cities, 2002, 19(1): 3-21.

[62] Bromley R. Metropolitan regional planning: Enigmatic history, global future[J]. Planning Practice and Research, 2001, 16(3-4): 233-245.

[63] Caspersen O H, Konijnendijk C C, Olafsson A S. Green space planning and land use: An assessment of urban regional and green structure planning in Greater Copenhagen[J]. Geografisk Tidsskrift, 2006, 106(2): 7-20.

[64] Committee on the Regional Plan of New York and Its Environs. Regional Survey of New York and Its Environs[R]. New York:

Regional Plan of New York and Its Environs, 1928.

[65] Cybriwsky R. Changing patterns of urban public space: Observations and assessments from the Tokyo and New York metropolitan areas[J]. Cities, 1999, 16(4): 223-231.

[66] Dadashpoor H, Azizi P, Moghadasi M. Land use change, urbanization, and change in landscape pattern in a metropolitan area[J]. Science of The Total Environment, 2019, 655: 707-719.

[67] Dalbey M. Regional visionaries and metropolitan boosters[M]. New York: Springer Science, 2002.

[68] Drake S, Segal R. Bight: Coastal Urbanism[J]. Landscape Architecture Frontiers, 2019, 6(6): 75-81.

[69] Flores A, Pickett S T A, Zipperer W C, Pouyat R V, Pirani R. Adopting a modern ecological view of the metropolitan landscape: the case of a greenspace system for the New York City region[J]. Landscape and Urban Planning, 1998. 39(4): 295-308.

[70] Forman R T T, Godron M. Landscape ecology[J]. John Wiley & Sons, 1986, 4: 22-28.

[71] Fulton W B, Pendall R, Nguyen M, et al. Who sprawls most?: How growth patterns differ across the US[M]. Washington, DC: Brookings Institution, Center on Urban and Metropolitan Policy, 2001.

[72] Geddes P. Cities in evolution[M]. London: Williams & Norage, 1915.

[73] GLP. Regional Plan of New York and Its Environs[J]. The Town Planning Review, 1932: 123-136.

[74] Gornitz V, Couch S, Hartig E K. Impacts of sea level rise in the New York City metropolitan area[J]. Global and Planetary Change, 2001, 32(1): 61-88.

[75] Harte J. The central scientific challenge for conservation biology[M]// The ecological basis of conservation. Boston: Springer, 1997: 379-383.

[76] Hill D. Baked apple? Metropolitan New York in the greenhouse[R]. New York: Global Warming International Center, Woodridge, IL, 1997.

[77] Horwood K. Green infrastructure: reconciling urban green space and regional economic development: lessons learnt from experience in England's north-west region[J]. Local Environment, 2011, 16(10):

963-975.

[78] Hovedstaden R. Danmark's capital–an international metropolitan region with high quality of life and growth[J]. Proposal for a Regional Development Plan, 2008.

[79] Howard E. Garden cities of tomorrow[M]. London: Faber, 1946.

[80] Johnson D . Regional Planning, History[M]// WRIGHT J D. International Encyclopedia of the Social and Behavioral Sciences (Second Edition). Oxford: Elsevier Science Ltd, 2015: 141-145.

[81] Johnson D. Planning the great metropolis: The 1929 regional plan of New York and its environs[M]. London: E&FN Spon, 1996.

[82] Kong F, Yin H, Nakagoshi N, et al. Urban green space network development for biodiversity conservation: Identification based on graph theory and gravity modeling[J]. Landscape and Urban Planning, 2010, 95(1-2): 16-27.

[83] Kong F, Nakagoshi N. Spatial-temporal gradient analysis of urban green spaces in Jinan, China[J]. Landscape and Urban Planning, 2006, 78(3): 147-164.

[84] Lathrop, R.G., 1995. The status of forest fragmentation in the NY-NJ highlands[R]. Center for Remote Sensing and Spatial Analysis Publication No. 17-95-2, Rutgers Univ. New Brunswick, NJ, 19 .

[85] Lawson G, Liu B. Rethinking regional green space networks in China[C]//IFLA World Congress (46th). 2009: 1-1.

[86] Levy J M. Contemporary urban planning[M]. Upper Saddle River: Pearson/Prentice Hall, 2009.

[87] Loeb R E, Walborn T N. Conservation of three historic forest landscapes in the New York metropolitan area1[J]. The Journal of the Torrey Botanical Society, 2018, 145(2): 136-146.

[88] Lynn B H, Carlson T N, Rosenzweig C, Goldberg R, Druyan L, Cox J, Gaffin S, Parshall L, Civerolo K. A Modification to the NOAH LSM to Simulate Heat Mitigation Strategies in the New York City Metropolitan Area[J]. Journal of Applied Meteorology and Climatology, 2009. 48(2): 199-216.

[89] Mackaye B. An Appalachian Trail: a project in regional planning[J]. The Journal of the American Institute of Architects, 1921, 19: 3-7.

[90] Marion Clawson. The Dynamics of Park Demand[R]. New York:

RPA, 1960.
[91] Martin F E. American civic art: how landscape architects shaped twentieth century urbanism[J]. Landscape Architecture, 1999, 89(11): 64-70.
[92] McHarg I L. Design with nature[M]. New York: American Museum of Natural History, 1969.
[93] Meyer J. Conserving ecosystem function [M]//The ecological basis of conservation. Boston: Springer, 1997: 136-145.
[94] Michaelson J. Defining an Engagement Strategy to Create and Implement the Fourth Regional Plan in the New York-New Jersey-Connecticut Region[M]. Lincoln Institute of Land Policy, 2012.
[95] Miller R W. Urban forestry[M]. New Jersey: Prentice Hall, 1996.
[96] Montemayor L, Calvin E. Identification and classification of urban development place types for the New York metropolitan region[C]// Proceedings of the 1st International ACM SIGSPATIAL Workshop on Smart Cities and Urban Analytics. 2015: 101-106.
[97] Nijhuis S, Jauslin D. Urban landscape infrastructures. Designing operative landscape structures for the built environment[J]. Research in Urbanism Series, 2015, 3: 13-34.
[98] Nolen J, Hu bbard H. Parkways and land values[M]. Cambridge: Harvard University Press, 1937.
[99] Pouyat R V, Yesilonis I D, Szlavecz K, et al. Response of forest soil properties to urbanization gradients in three metropolitan areas[J]. Landscape Ecology, 2008, 23(10): 1187-1203.
[100] Powell D. Regional Plan News [R]. New York: RPA, 1960.
[101] Regional Plan Association. Accessing Nature [R].New York: RPA, 2017.
[102] Regional Plan Association. Fragile Success [R].New York: Regional Plan Association, 2014.
[103] Regional Plan Association. Park and Parkway Progress and a Program for Future Regional Expansion[R]. New York: RPA, 1941.
[104] Regional Plan Association. Race for Open Space[R].New York: RPA , 1960.
[105] Regional Plan Association. Shaping the Region[R]. New York: Regional Plan Association, 2015.

[106] Regional Plan Association. The Path Forward[R].New York: RPA , 2009.

[107] Regional Plan Association. The Regional Plan of New York and Its Environs[M].Philadelphia: WM.F. FELL Co. Printers, 1929.

[108] Regional Plan Association. The Second Regional Planning: A Draft for Discussion[R]. New York: RPA, 1968.

[109] Regional Plan Association. Toolkit for Resilient Cities [R].New York: RPA, 2013.

[110] Regional Plan Association. Under Water [R].New York: RPA, 2016.

[111] Regional Plan Association. Where to Reinforce, Where to Retreat? [R].New York: RPA, 2015.

[112] Regional Plan Association. The Fourth Regional Plan: Making the Region Work for All of Us[M].New York: Regional Plan Association, 2019.

[113] Roseau N. Parallel and overlapping temporalities of city fabric, the New York Parkway Odyssey: 1870s–2000s[J]. Planning Perspectives, 2021, 36(4): 813-846.

[114] Sandström U G. Green infrastructure planning in urban Sweden [J]. Planning Practice and Research, 2002, 17(4): 373-385.

[115] Sanyal B, Vale L J, Rosan C D. Planning Ideas That Matter: Livability, Territoriality, Governance, and Reflective Practice[M]. Cambridge: MIT Press, 2012.

[116] Searle G, Bunker R. Metropolitan strategic planning: An Australian paradigm?[J]. Planning Theory, 2010, 9(3): 163-180.

[117] Siegel S A. The Law of Open Space[R]. New York: RPA , 1960.

[118] Stubbs M. Natural green space and planning policy: Devising a model for its delivery in regional spatial strategies[J]. Landscape Research, 2008, 33(1): 119-139.

[119] William A. N. Nature in the Metropolis[R]. New York: RPA , 1960.

[120] Wright T. Designing the New York metropolitan region[M]//The Routledge Handbook of Regional Design. London: Routledge, 2021: 177-193.

[121] Wu J, Jenerette G D, Buyantuyev A, et al. Quantifying spatiotemporal patterns of urbanization: The case of the two fastest growing metropolitan regions in the United States[J]. Ecological Complexity,

2011, 8(1): 1-8.

[122] Wu W, Zhao S, Zhu C, et al. A comparative study of urban expansion in Beijing, Tianjin and Shijiazhuang over the past three decades[J]. Landscape and Urban Planning, 2015, 134: 93-106.

[123] Yang C, Li Q, Hu Z, et al. Spatiotemporal evolution of urban agglomerations in four major bay areas of US, China and Japan from 1987 to 2017: Evidence from remote sensing images[J]. Science of The Total Environment, 2019, 671: 232-247.

[124] Yaro R, Hiss T. A region at risk: The third regional plan for the New York-New Jersey-Connecticut metropolitan area[M]. New York: Island Press, 1996.

[125] Zhu Z, Woodcock C E. Continuous change detection and classification of land cover using all available Landsat data[J]. Remote Sensing of Environment, 2014, 144: 152-171.

附录 RPA 区域绿色空间规划相关研究报告简介及时间表[1]

时期	发布时间	报告名称	类型	地区	主要发布组织与合作方	绿色空间相关内容总结
RP1 研究与实施期间	1941 年 10 月	《公园和公园道的进展以及未来区域扩张的计划》（Park and Parkway Progress and a Program for Future Regional Expansion）	评估预测	纽约州、新泽西州、康涅狄格州	RPA	• 自 1928 年以来公共娱乐系统（公园系统提供的完整公共娱乐设施，包括海滩、大型保留地、公园等）取得的进展； • 提出区域范围内的公园道路系统； • 提出战后计划，将公园分为社区、大型公园及保留区两类
	1945 年 12 月	《纽约大都市区适合城市扩张的土地》（Land Suitable for Urban Expansion in the New York Metropolitan Region）	评估预测	纽约州、新泽西州、康涅狄格州	RPA	• 207 平方英里的土地作为永久开放空间不能被扩张； • 从交通、地形、区位等方面考虑适合扩张的土地； • 建议建立完善的体系控制扩张
RP2 研究与实施期间	1960 年 4 月	《区域规划新闻》（Regional Plan News）	政策咨询	纽约州、新泽西州、康涅狄格州	RPA	• 简要介绍了 RP2 发布前的研究阶段对于公园、开放空间等的研究项目的进展及发布时间，包括“大都市区的自然”“开放空间法”“争取开放空间”等
	1960 年 4 月	《公园需求动态》（The Dynamics of Park Demand）	评估预测	纽约州、新泽西州、康涅狄格州	RPA	• 根据休闲模式的改变和人口增长预测了户外活动需求的增长，以预估所需要的土地和娱乐设施

1 报告资料整理自 www.rpa.org；相关信息整理自各项报告。

续表

时期	发布时间	报告名称	类型	地区	主要发布组织与合作方	绿色空间相关内容总结
RP2 研究与实施期间	1960 年 9 月	《争取开放空间》（The Race for Open Space）	空间规划	纽约州、新泽西州、康涅狄格州	RPA、大都市区区域委员会（Metropolitan Regional Council）	• 保护纽约大都市区的绿色开放空间； • 绿色开放空间现状及预测的开发趋势； • 开放空间是社区模式的一部分，各市县应制定开放空间规划并纳入综合规划
	1962 年 9 月	《蔓延城市》（Spread City）	评估预测	纽约州、新泽西州、康涅狄格州	RPA	• 纽约大都会区在 1922 年延伸 50 英里后对区域规划的影响； • 预测 1985 年的纽约都市区； • “扩展城市”计划使城市设施和房屋分布松散，有多方面弊端
	1965 年 12 月	《规划哈德逊河》（Planning the Hudson）	空间规划	纽约州、新泽西州	RPA	• 保护河流、扩大河流的使用范围及其娱乐用途； • 规定建立哈德逊河高原国家风景河道
	1966 年 12 月	《哈德逊河谷下游》（The Lower Hudson）	空间规划	纽约州、新泽西州	RPA	• 开发旧工业河滨区域连接自然与城市
	1967 年 4 月	《新泽西州：问题和行动》（New Jersey: Issues and Action）	政策咨询	新泽西州	RPA	• 实行“绿色土地”计划，土地价格上涨导致收购开放空间的面积降低、房地产税减少； • 延缓土地收购速度：建议购买权优先给人口密集的地区，并支持临时代缴税款的立法建议
	1967 年 10 月	《第二次区域规划的基本问题》（Basic Issues of the Second Regional Plan）	评估预测	纽约州、新泽西州、康涅狄格州	RPA	• RPA 就第二次区域规划未被接受的提案提出问题； • 开放空间具有户外休闲、美学、生态教育多重价值； • 提出开放空间方案，包括：依托 RPA 建议的大型开放空间架构建立大西洋城市海滨公园系统，额外开放 160 英里的滨海区域； • 建议建立休憩用地标准来判断开放空间的尺度

续表

时期	发布时间	报告名称	类型	地区	主要发布组织与合作方	绿色空间相关内容总结
RP2 研究与实施期间	1975 年 5 月	《行人的城市空间》（Urban Space for Pedestrians）	评估预测	纽约州	RPA	• 步行时的空间大小和形态需求
	1979 年 10 月	《五十年回顾：区域计划协会年度报告 1978—1979》（A Fiftieth Year Review：Regional Plan Association Annual Report:1978—1979）	评估预测	纽约州、新泽西州、康涅狄格州	RPA	• 获得了第一个联邦援助，并且是在城市范围内的国家公园； • 通往大型郊野公园的公园道网络
	1985 年 4 月	《韦斯特彻斯特 2000》（Westchester 2000）	战略性地区规划	纽约州	RPA	• 人类活动威胁开放空间和自然环境，生态和美学方面没有得到重视：农业用地面临开发压力；河流“城市化”，即仅用于防洪使河岸人工化
	1985 年 12 月	《河城》（River City）	空间规划	新泽西州	RPA、美国保诚保险公司（The Prudential Insurance Company of America）	• 创新海滨交通模式如无轨电车，以及公园人行道来服务于高度发达的滨水区，减缓交通压力； • 保护海滨环境，包括清理垃圾、限制建筑物
RP3 研究与实施期间	1994 年 4 月	《梅里特公园步道研究》（Merritt Parkway Trail Study）	空间规划	纽约州、康涅狄格州	RPA	• 创建绿道网络来保护和连接区域开放空间
	1997 年 6 月	《建设宜居社区》（Building Livable Communities）	空间规划	康涅狄格州	RPA、康涅狄格土地使用联盟（Connecticut Land Use Coalition）	• 创新并全面规划康涅狄格州的土地，遏制郊区蔓延

续表

时期	发布时间	报告名称	类型	地区	主要发布组织与合作方	绿色空间相关内容总结
RP3 研究与实施期间	1999 年 11 月	《萨默塞特县区域中心愿景倡议》（Somerset County Regional Center Vision Initiative）	战略性地区规划	新泽西州	RPA、萨默塞特县区域中心合作伙伴关系（Regional Center Partnership of Somerset County）、林肯土地政策研究所（Lincoln Institute of Land Policy）	• 萨默塞特县区域中心提供规划框架，利用绿道、溪流、河流走廊加强区域连接，以促进可持续发展并恢复区域生态环境
	2001 年 1 月	《海滩及更多》（A Beach and Much More）	空间规划	纽约州	RPA、国家公园管理局（National Park Service）	• 整合了里斯公园、蒂尔登堡、里斯沙滩现有和拟建的游憩活动和自然资源
	2001 年 5 月	《布鲁克林海滨绿道：社区委员会 2&6 的概念计划》（Brooklyn Waterfront Greenway：A Concept Plan for Community Boards 2 & 6）	空间规划	纽约州	RPA、布鲁克林绿道倡议（Brooklyn Greenway Initiative）	• 制定布鲁克林绿道规划愿景：一条从绿点社区到日落公园、连接拟建的皇后区滨水绿道与布鲁克林海岸公园道的多功能绿道
	2001 年 10 月	《黑斯廷斯—哈德逊海滨重建计划》（A Redevelopment Plan for the Hastings-on-Hudson Waterfront）	空间规划	纽约州	RPA、哈德逊河畔黑斯廷斯村（Village of Hastings-on-Hudson）	• 阐述滨水区重建计划最终设计方案； • 建议重建海滨的实施策略

续表

时期	发布时间	报告名称	类型	地区	主要发布组织与合作方	绿色空间相关内容总结
RP3研究与实施期间	2002年1月	《为斯坦福创造未来：斯坦福2002总体规划概要》（Creating a Future for Stamford：A Summary of Stamford's Master Plan 2002）	战略性地区规划	康涅狄格州	RPA、斯坦福土地利用局（Stamford Land Use Bureau）	• 创建开放空间和绿道网络扩展绿色基础设施； • 加强主要通行廊道对城市场所营造的作用； • 保护地区设计特征，以及建议营造的场所品质； • 保护重要的历史资源和传统文化资源
	2003年4月	《长岛概况》（Long Island Profile）	评估预测	纽约州	RPA、劳赫基金会（Rauch Foundation）	• 总结长岛地区人口、经济和环境变化趋势
	2003年6月	《新阿姆斯特丹海滨交易所总结报告》（New Amsterdam Waterfront Exchange Summary Report）	政策咨询	纽约州	RPA、新阿姆斯特丹发展顾问（New Amsterdam Development Consultants）	• 借鉴荷兰经验对纽约州海岸区提出建议； • 提出对滨海大道和公园等基础设施和开放空间进行公共投资的重要性； • 提出重新连接该地区的滨水区和周边环境，包含该地区的自然环境以及该地区和相邻地区的社区
	2003年9月	《将三州地区转向可持续发展》（Transitioning the Tri-State Region Towards Sustainability）	空间规划	纽约州、新泽西州、康涅狄格州	RPA、新学院大学（New School University）、美国环境保护署（United States Environmental Protection Agency）、纽约市环境保护部（New York City Department of Environmental Protection）	• 概述可持续发展如何塑造三州地区的未来； • 总结包括土地利用、设计系统在内的流畅工作会议

续表

时期	发布时间	报告名称	类型	地区	主要发布组织与合作方	绿色空间相关内容总结
RP3 研究与实施期间	2003 年 11 月	《设计健康社区：斯坦福》（Designing Healthy Communities: Stamford）	评估预测	康涅狄格州	RPA、斯坦福土地利用局	• 通过民意调查研究了米河公园绿道建成的民众健康水平影响
	2004 年 4 月	《远西区：城市设计分析》（The Far West Side: An Urban Design Analysis）	战略性地区规划	纽约州	RPA	• 提出建立具有办公、居住、休闲等多功能并与哈德逊滨水区连接的新型公共开放空间系统
	2004 年 6 月	《纽约的下一个好地方》（New York's Next Great Place）	空间规划	纽约州	RPA、总督岛联盟（Governor's Island Alliance）、总督岛保护和教育公司（Governors Island Preservation and Education Corporation）、国家公园管理局	• 总结了关于总督岛公园和游憩活动的未来规划发展的研讨会和调查结果
	2004 年 6 月	《海港之心》（Heart of the Harbor）	空间规划	纽约州	RPA、总督岛联盟、总督岛保护和教育公司、国家公园管理局	• 记录并总结社会各领域民众对总督岛未来公园空间的想法讨论，以指导未来总督岛地区公园的位置、用途、规划和设计
	2004 年 6 月	《佛罗里达州 7 号国道 / 美国 441 号可持续走廊研究》（The Florida State Road 7/ US 441 Sustainable Corridor Study）	战略性地区规划	国家层面	RPA、南佛罗里达地区规划委员会（South Florida Regional Planning Council）、441 合作组织（441 Collaborative）、美国 7 号国道（The State Road 7/U.S.）	• 提出该区域走廊将重新整合更大的人造和自然系统，特别是运河、蓄水层和含水层的底层绿色基础设施； • 提出该区域走廊创造郊区景观中具有差异化体验的部分

续表

时期	发布时间	报告名称	类型	地区	主要发布组织与合作方	绿色空间相关内容总结
RP3研究与实施期间	2004年7月	《履行曼哈顿远西区的承诺》（Fulfilling the Promise of Manhattan's Far West Side）	空间规划	纽约州	RPA	• 提出提升该地区未利用的滨水区价值的途径； • 提出完善该地区东部和西部开放空间网络
	2004年11月	《拿骚和萨福克县的扩建分析》（A Build-Out Analysis for Nassau & Suffolk Counties）	战略性地区规划	纽约州	RPA、劳赫基金会、亨特学院地理系（Geography Department of Hunter College）	• 使用土地利用预测模型对长岛未来开发进行预；测，并研究应受保护的未开发土地、长岛郊区景观特色保持的开发方式等
	2004年12月	《重新考虑郊区工业区》（Suburban Industrial District Reconsidered）	空间规划	国家层面	RPA、林肯土地政策研究所	• 研究工业景观对郊区景观连续性和郊区活力提升的重要性； • 提出新的产业容纳方式和工业区设计策略以重新配置边缘城市景观，使其成为连接郊区景观的一部分
	2005年2月	《哈德逊铁路站场的城市发展替代方案》（Urban Development Alternatives for the Hudson Rail Yards）	空间规划	纽约州	RPA	• 确认该地块的混合用途开发的可行性以及对该地区与滨水区连接性的促进
	2005年4月	《边缘的新社区》（New Communities at the Edge）	空间规划	国家层面	RPA、林肯土地政策研究所	• 研究了美国和西南地区面临的增长和发展趋势； • 研究开发绿地的趋势，并建议这种新的增长方式如何最有效地利用土地和其他自然资源； • 以霍顿地区为例，研究边缘区新开发项目融入西南地区景观的可持续途径

续表

时期	发布时间	报告名称	类型	地区	主要发布组织与合作方	绿色空间相关内容总结
RP3 研究与实施期间	2005 年 8 月	《新泽西霍普镇》（Hope New Jersey）	战略性地区规划	新泽西州	RPA、新泽西州社区事务部（New Jersey Department of Community Affairs）	• 阐述霍普镇在城市增长和环境保护、州际交通和自然景观连续性之间取得平衡的经验； • 提出 3 类有助于该地区协调新开发和开放空间保护的建议
	2005 年 9 月	《美国 2050 愿景章程》（America 2050 Prospectus）	政策咨询	国家层面	RPA、林肯土地政策研究所、南加利福尼亚州政府协会（Southern California Association of Governments）	• 阐述美国 2050 协调社会、环境和经济发展的愿景规划框架，并提出它将支持大型景观（绿色基础设施）系统的保护； • 提出美国 2050 的 5 项主要成果，其一为沿海河口与环境景观的保护，通过大都市地区及特大区域的合作来实现
	2005 年 9 月	《东哈莱姆第二大道走廊街景增强框架》（East Harlem Second Avenue Corridor Streetscape Enhancement Framework）	空间规划	纽约州	RPA、东哈莱姆第二大道走廊工作组（East Harlem Second Avenue Corridor Working Group）	• 提出 6 类改善第二大岛沿线公共空间环境和街道景观的系列建议； • 制定街景规划可行性方案指导第二大道的全面改造
	2005 年 11 月	《重塑东北部城市群》（Reinventing Megalopolis: The Northeast Megaregion）	战略性地区规划	国家层面	RPA、宾夕法尼亚大学设计学院（University of Pennsylvania School of Design）	• 提出保护开放空间和绿色基础设施战略作为东北部城市群区域规划 7 个战略之一； • 确立保护性开放空间选址的 4 项因素； • 提出利于该战略实施的监管类工具与激励类工具

续表

时期	发布时间	报告名称	类型	地区	主要发布组织与合作方	绿色空间相关内容总结
RP3 研究与实施期间	2006 年 4 月	《伊顿镇》（Eatontown）	战略性地区规划	新泽西州	RPA、新泽西州精明增长办公室（New Jersey Office of Smart Growth）、城镇工程有限责任公司（Townworks, LLC）	• 提出紧凑、可达、多功能、强调公共空间和融入周围环境的乡村社区规划方案
	2006 年 4 月	《放眼长远》（Taking a Longer View）	战略性地区规划	国家层面	RPA、易道（EDAW）、得克萨斯大学奥斯汀分校（University of Texas at Austin）	• 探讨墨西哥湾沿岸在遭受飓风破坏之后的重建方式与选址； • 制定墨西哥湾沿岸生态约束分布地图、风暴与海平面上升的可持续性及脆弱性分布图，为墨西哥湾沿岸重建规划提供指导
	2006 年 6 月	《内环郊区、小城镇和边缘城市的场所营造》（Placemaking in Inner Ring Suburbs, Small Towns and Edge Cities）	空间规划	新泽西州	RPA、新泽西州精明增长办公室	• “市长社区设计研究所”主题为健康、依据社区场所设计和开发的研讨会项目； • 对新泽西州多个地区创建混合用途、宜居健康的场所空间提出建议方案
	2006 年 7 月	《总督岛》（Governors Island）	空间规划	纽约州	RPA、总督岛联盟	• 制定总督岛公园和公共场所规划的指南，为历史建筑、公园和开放空间系统、公共路径和码头以及滨海艺术中心四大空间部分确立开放空间开发框架

续表

时期	发布时间	报告名称	类型	地区	主要发布组织与合作方	绿色空间相关内容总结
RP3 研究与实施期间	2006 年 9 月	《长岛海峡管理地图集》（Long Island Sound Stewardship Atlas）	评估预测	纽约州、康涅狄格州	RPA、美国鱼类和野生动物管理局（United States Fish and Wildlife Service）、美国环境保护署、康涅狄格州环境保护部（Connecticut Department of Environmental Protection）等	• 提供了长岛海峡地区具有重要游憩和生态价值的 33 个区域的地图信息； • 描述了 33 个区域的主要生态和游憩价值，并对作为目前重点区域的沿海和近岸地区提出保护与管理建议
	2006 年 10 月	《新泽西高地转移发展的经济学》（The Economics of Transferring Development in the New Jersey Highlands）	政策咨询	新泽西州	RPA、环境保护部（Environmental Defense）、区域规划合作伙伴（Regional Planning Partnership）、新泽西未来（New Jersey Future）	• 阐述新泽西高地自然资源丧失的现状情况，并介绍发展权转让（TRD）计划； • 讨论该计划对新泽西高低保护的潜在作用
	2006 年 10 月	《纽瓦克愿景规划草案》（Newark Draft Vision Plan）	战略性地区规划	新泽西州	RPA、新泽西理工学院（New Jersey Institute of Technology）	• 制定包含 89 个规划的总体规划框架，其中包括 9 个开放空间和环境规划； • 阐述规划研讨会对开放空间与环境、社区发展等方面的研讨结果
	2007 年 1 月	《滨水区价值研究草案》（Draft Study on Maritime Uses）	评估预测	纽约州、新泽西州、康涅狄格州	RPA	• 研究了滨水区价值恢复建议及滨水区对促进区域经济和提高生活质量的重要性； • 编制了具有自然保护、游憩、文化等多种滨水区价值的区域清单； • 制定滨水区土地利用保护工具箱

续表

时期	发布时间	报告名称	类型	地区	主要发布组织与合作方	绿色空间相关内容总结
RP3 研究与实施期间	2007 年 6 月	《阐述橙县东南部的精明增长》（Illustrating Smart Growth for Southeast Orange County）	战略性地区规划	纽约州	RPA、橙县规划部（Orange County Planning Department）、橙县东南部交通工作组（Southeast Orange County Traffic Task Force）	• 详细介绍橙县城市规划、景观规划、城市设计的精明增长方案，其中景观规划包括绿色基础设施、景观保护分区两部分； • 制定该方案“区域–市政–地方”三个范围层面的实施工具
	2007 年 6 月	《重新构想布里奇波特市中心》（Re-imagining Downtown Bridgeport）	战略性地区规划	康涅狄格州	RPA、布里奇波特市中心特别服务区（Bridgeport Downtown Special Services District）、菲利普斯普赖斯夏皮罗协会（Phillips Preiss Shapiro Associates）、康涅狄格经济资源中心（Connecticut Economic Resource Center）等	• 提供布里奇波特市中心生活、工作和娱乐的公共空间场所营造的实施框架
	2007 年 6 月	《在边缘地带》（On the Verge）	空间规划	纽约州	RPA	• 纽约市目前规划或在建的滨水公园和公共空间的概述； • 提出滨水公园和公共空间管理问题的解决方案，包括海滨公园振兴区（PID）的可行性评估、滨水公园设计和实施标准的确定和推广等； • 目前项目管理资金模式及完善方案
	2007 年 9 月	《新泽西高地的可持续发展》（Sustainable Development in The New Jersey Highlands）	空间规划	新泽西州	RPA、新泽西州精明增长办公室	• 协同设计和规划专业人士、市长成立新泽西市长城市设计学院，重点探讨新泽西北部高地地区规划、发展、保护的可持续途径

续表

时期	发布时间	报告名称	类型	地区	主要发布组织与合作方	绿色空间相关内容总结
RP3研究与实施期间	2007年10月	《2007年希尔兹堡大区域研究研讨会》（The 2007 Healdsburg Research Seminar on Megaregions）	政策咨询	国家层面	RPA、林肯土地政策研究所	• 美国东北部、加利福尼亚、得克萨斯、中西部和西欧地区城市群的案例研究，包括该区域的经济贸易、基础设施、大型自然系统和增长问题等
	2007年10月	《发展更绿色的社区》（Growing Greener Communities）	空间规划	纽约州	RPA	• 长岛"市长社区设计研究所"项目报告； • 基于在"纽约—新泽西—康涅狄格"3个州的成功经验探讨该地区社区规划的问题解决方案； • 研究公共领域的潜在改进、再开发机会、与开放空间的联系以及生活质量的提高
	2007年11月	《东北大区2050》（Northeast Megaregion 2050）	战略性地区规划	纽约州、新泽西州、康涅狄格州	RPA、林肯土地政策研究所	• 确立东北大区15个跨行政辖区的关键性区域景观； • 明确保护开放空间和自然资源的大区域计划
	2007年11月	《市长社区设计研究所：重建、交通和滨水区》（Redevelopment, Mobility & Waterfronts）	空间规划	纽约州、新泽西州、康涅狄格州	RPA、新泽西理工学院	• "市长社区设计研究所"项目主题为城市更新、交通与滨水区相关的座谈会记录； • 探讨不同地区规划、城市设计、景观设计与城市开发相关的设计问题
	2008年2月	《Tappan Zee走廊以公交为导向的发展研究》（Tappan Zee Corridor Transit-Oriented Development Study）	政策咨询	纽约州、新泽西州、康涅狄格州	RPA、罗克兰经济发展公司（Rockland Economic Development Corporation）	• 提出"纽约—新泽西—康涅狄格"3个州与东北大区未来的重要关联性； • 提供建立一个解决东北大区碳排放、区域扩张和环境保护问题的管理联盟的建议

续表

时期	发布时间	报告名称	类型	地区	主要发布组织与合作方	绿色空间相关内容总结
RP3 研究与实施期间	2008 年 6 月	《长岛海峡威胁评估》（Long Island Sound Threat Assessment）	评估预测	纽约州、康涅狄格州	RPA	• 评估海峡及周围 4 个地区的环境威胁； • 识别、优先定位对区域具体且重要的威胁并进行行动实施； • 提供该区域生态和娱乐资源面临的环境威胁的分析成果
	2008 年 9 月	《布鲁克林海滨绿道：社区委员会概念计划 1》（Brooklyn Waterfront Greenway：A Concept Plan for Community Board 1）	空间规划	纽约州	RPA、布鲁克林绿道倡议（Brooklyn Greenway Initiative）	• 概述布鲁克林海滨绿带规划原则的报告之一； • 确定了绿道路径并详细说明实施步骤和合作方
	2008 年 10 月	《哈德逊河公园对房产价值的影响》（The Impact of Hudson River Park on Property Values）	评估预测	纽约州	RPA	• 评估分析哈德逊河公园对周边地区房产价值的影响及因素； • 研究对公园和开放空间投资的回报情况
	2008 年 11 月	《尼塞阔格河管理行动计划》（Nissequogue River Stewardship Action Plan）	空间规划	纽约州	RPA、纽约州环境保护部（New York State Department of Environmental Conservation）、国家鱼类和野生动物基金会（National Fish and Wildlife Foundation）	• 对尼塞阔格河制定栖息地、水质、土地利用、开放空间和自然教育等目标的 100 多项建议行动； • 确立建议实施和时间安排的具体框架

续表

时期	发布时间	报告名称	类型	地区	主要发布组织与合作方	绿色空间相关内容总结
RP3 研究与实施期间	2008 年 11 月	《21 世纪的基础设施愿景》（An Infrastructure Vision for the 21st Century）	战略性地区规划	国家层面	RPA	• 明确国家基础设施计划的三大组成部分之一——保护水资源和自然资源的综合战略方法； • 研究波特兰绿色基础设施计划雨水管理和水资源保护的具体途径
	2008 年 12 月	《布鲁克林海滨绿道：管理和维护计划》（Brooklyn Waterfront Greenway：Plan for Stewardship & Maintenance)	政策咨询	纽约州	RPA、布鲁克林绿道倡议	• 明确布鲁克林绿道规划及建成后的管理计划及工具； • 明确布鲁克林绿道运营和维护的计划
	2009 年 1 月	《盒子和超越》（The Box and Beyond）	空间规划	新泽西州	RPA、城市土地研究所（Urban Land Institute）	• 探讨了私人空间与街道、公园、广场等城市公共空间连接的多种组合方式
	2009 年 3 月	《长岛 2035》（Long Island 2035）	空间规划	纽约州	RPA、长岛区域规划委员会（Long Island Regional Planning Council）、100 多位不同领域的公民	• 整合参与人员对环境质量、经济繁荣等价值影响的发展模式研讨； • 分析整合方案对土地使用、自然资源、基础设施等方面的影响评估结果
	2009 年 3 月	《区域经济发展新战略》（New Strategies for Regional Economic Development）	政策咨询	纽约州、新泽西州、康涅狄格州	RPA、林肯土地政策研究所	• 探索平衡的经济发展和增长战略，包括经济发展、景观保护、城市振兴、精明增长等

续表

时期	发布时间	报告名称	类型	地区	主要发布组织与合作方	绿色空间相关内容总结
RP3研究与实施期间	2009年7月	《以交通为中心的发展》（Transit-Centered Development）	战略性地区规划	纽约州、新泽西州	RPA	•探讨康涅狄格州和纽约州6个地区如何振兴市中心，制定以交通和景观为主的解决方案
	2009年8月	《纽瓦克滨水区的做法》（Practices for Newark's Riverfront）	空间规划	新泽西州	RPA	•考察评估了新泽西州的城市公园管理； •对帕塞克河畔拟建公园进行邻近土地所有者和居民参与管理； •建立纽瓦克滨水区公园的管理框架
	2009年10月	《卡尼尔公交导向发展愿景规划》（Kearny Transit-Oriented Development Vision Plan）	战略性地区规划	新泽西州	RPA、Eng-Wong Taub & Associates、菲利普斯普赖斯夏皮罗协会	•创建由周围土地利用支持的相互关联的静态–动态开放空间网络； •持续利用开放空间缓解洪水问题
	2009年10月	《气候变化调查报告》（Climate Change Survey Report）	评估预测	国家层面	RPA、ICLEI 可持续发展地方政府组织（ICLEI-Local Governments for Sustainability）	•将开放和自然空间保护列为环境议程的重要组成部分； •介绍开放和自然空间保护的7项措施
	2010年3月	《绿色布里奇波特2020》（Bgreen 2020）	战略性地区规划	康涅狄格州	RPA、布里奇波特地区商业委员会（Bridgeport Regional Business Council）、全球基础设施战略（Global Infrastructure Strategies）等	•实施一项为每个城市居民带来开放空间、绿地和海滨的公园计划； •增加社区设施，如袖珍公园、社区花园和其他生活质量措施； •解决社区脆弱性的雨水管理问题
	2010年4月	《前进的道路》（The Path Forward）	政策咨询	纽约州	RPA、国家公园保护协会（National Parks Conservation Association）、哥伦比亚大学（Columbia University）、范艾伦研究所（Van Alen Institute）	•综合“设想盖特威”城市国家公园设计比赛的最佳提案和公众意见； •参考社区、民间组织以及城市、州和联邦机构等相关者的采访及意见，以用于盖特威、牙买加湾等国家公园的开发管理

续表

时期	发布时间	报告名称	类型	地区	主要发布组织与合作方	绿色空间相关内容总结
RP3研究与实施期间	2010年11月	《可持续纽瓦克》（Sustainable Newark）	战略性地区规划	新泽西州	RPA	• 研究纽瓦克建筑和开放空间环境的多样性及其与所有类型和规模的可持续发展计划的机会关联性； • 提出并实施对纽瓦克可持续发展的重要举措，如恢复帕塞伊克河滨水区等； • 明确支持可持续发展倡议的法律和政策制度
	2010年12月	《邦德布鲁克市中心城市设计规划》（Bound Brook Downtown Urban Design Plan）	战略性地区规划	新泽西州	RPA	• 制定了邦德布鲁克市中心的开放空间框架和重点公园
	2011年6月	《弗洛伊德贝特纳旷野》（Floyd Bennett Field）	空间规划	纽约州	RPA、弗洛伊德贝特纳蓝丝带陪审团（Floyd Bennett Field Blue Ribbon Panel）、国家公园保护协会	• 为弗洛伊德贝特纳旷野地区及周围环境制定连贯的国家公园设计方案； • 通过公交、轮渡、慢行道等改善公园的可达性； • 支持生态修复和全面的自然教育计划
	2011年6月	《伯根愿景摘要》（Bergen Vision Summary）	战略性地区规划	新泽西州	RPA、伯根县规划委员会（Bergen County Planning Board）、伯根县选定永久持有人委员会（Bergen County Board of Chosen Freeholders）等	• 伯根县总体规划的愿景部分，描述了该地区的世界级公园系统和大型自然保护区，并提出对其可达性覆盖的构想
	2012年2月	《景观：改善东北大区域的保护实践》（Landscape：Improving Conservation Practice in the Northeast Megaregion）	战略性地区规划	国家层面	RPA	• 东北大区域现有景观保护计划的清查和描述； • 评估该区域生物多样性、栖息地、水资源、农林业资源、游憩机会等； • 总结该区域景观保护工作及如何开展的具体例子； • 确立景观保护面临的主要挑战，并创建该区域13个州的扩展预测模型

续表

时期	发布时间	报告名称	类型	地区	主要发布组织与合作方	绿色空间相关内容总结
RP3 研究与实施期间	2012 年 3 月	《帕特森大瀑布：艺术 + 复苏计划》（Paterson Great Falls Arts + Revitalization Plan）	空间规划	新泽西州	RPA、新泽西社区发展公司（New Jersey Community Development Corporation）、林肯公园海岸文化区（Lincoln Park Coast Cultural District）、维兹卡亚博物馆（Vizcaya Museum）等	• 制定该地区围绕艺术、文化、旅游和帕特森大瀑布国家历史公园的各项建议； • 制定如何将艺术同步到公园规划和复苏工作中的框架； • 总结帕特森作为国家公园的 6 个机遇
	2012 年 6 月	《景观：会议摘要》（Landscapes: Conference Summary）	政策咨询	国家层面	RPA、鱼类和野生动物机构协会（Association of Fish and Wildlife Agencies）、皮埃蒙特环境委员会（Piedmont Environmental Council）、大景观保护从业者网络（Practitioners' Network for Large Landscape Conservation）等	• 记录超过 125 名保护专业人士、科学家、规划师、慈善家和政府官员在 13 个州的东北特大区域加速大型景观保护的方式和方法的讨论会； • 重点介绍了演进和研讨会中景观保护的关键主题
	2012 年 11 月	《让绿色基础设施为城镇服务的 9 个途径》（9 Ways to Make Green Infrastructure Work for Towns and Cities）	政策咨询	国家层面	RPA	• 总结绿色基础设施在全国各州的实践； • 介绍其与土地利用和空间规划结合的 9 个方式
RP4 研究与实施期间	2013 年 6 月	《弹性城市工具包》（Toolkit for Resilient Cities）	规划工具	纽约州	RPA、西门子股份公司（Siemens）、奥雅纳集团（Arup Group）	• 探讨如何增强城市系统的弹性以应对重大灾害； • 探讨弹性方案的环境协同效益及弹性绩效指标
	2013 年 7 月	《景观：在东北大区域建立伙伴关系》（Landscapes: Enabling Partnerships in the Northeast Megaregion）	政策咨询	国家层面	RPA、国家公园管理局、美国林务局（US Forest Service）、美国鱼类和野生动物管理局等	• 制定大区域景观保护同行交流计划； • 计划景观保护倡议研讨会并推进区域保护项目； • 构建项目资助者合伙模式

时期	发布时间	报告名称	类型	地区	主要发布组织与合作方	绿色空间相关内容总结
RP4研究与实施期间	2013年7月	《康涅狄格TOD工具包》（TOD Toolkit for Connecticut）	规划工具	康涅狄格州	RPA、康涅狄格环境基金会（Connecticit Fund for the Environment）、强健社区合作伙伴（Partnership for Strong Communities）、三州地区交通活动组织（Tri-State Transportation Campaign）	• 提出将绿色基础设施融入TOD的开发方案，最大限度减少开发的废水和环境影响
	2013年10月	《宾夕法尼亚车站2023》（Penn 2023）	空间规划	纽约州	RPA、纽约市艺术协会（Municipal Art Society of New York）	• 宾西法尼亚车站周边存在的规划问题； • 麦迪逊广场花园限制车站的未来规划，在附近合适的位置重建将创造巨大价值； • 在麦迪逊广场花园采用可持续材料建造休闲娱乐场所以减少碳足迹
	2013年10月	《建立沿海弹性》（Building Coastal Resilience）	空间规划	纽约州、新泽西州、康涅狄格州	RPA、林肯土地政策研究所	• 利用情景规划预测沿海区域未来灾害，帮助市政当局恢复和重建受灾地区，提高城市弹性
	2013年10月	《我的东肯顿》（My East Camden）	战略性地区规划	新泽西州	RPA、圣约瑟夫木工协会（Saint Joseph's Carpenter Society）、库伯轮渡合作伙伴（Cooper's Ferry Partnership）	• 东肯顿的6个公园的现状，包括公园服务范围、安全性、开放性等； • "我的东肯顿"为该社区提供未来五年的发展计划，包括增加行道树、维护公园、治理湿地污染、雨洪管理、增加绿道等小型开放空间、在铁路线和居民区之间建立绿色缓冲区、增加绿色基础设施
	2013年11月	《Bgreen 2020：2013年进度报告》（Bgreen 2020: 2013 Progress Report）	评估预测	康涅狄格州	RPA、布里奇波特市部分供职人员及众多企业、组织机构等	• 评估Bgreen 2020计划实施三年后布里奇波特市的公园和开放空间现状； • 计划项目包括公园总体规划、社区花园、增加行道树和城市森林、加强绿地和滨水区域的可达性

续表

时期	发布时间	报告名称	类型	地区	主要发布组织与合作方	绿色空间相关内容总结
RP4 研究与实施期间	2014 年 4 月	《脆弱的成功》（Fragile Success）	评估预测	纽约州、新泽西州、康涅狄格州	RPA 及第四次区域规划委员会（Committee on the Fourth Regional Plan）全体成员	• 纽约大都市区在经济发达的同时暴露了它的脆弱，过度依赖物理基础设施导致面对灾害时城市弹性低
	2014 年 5 月	《可持续发展实施计划》（Implementation Plan for Sustainable Development）	政策咨询	纽约州、康涅狄格州	RPA、大布里奇波特地区委员会（Greater Bridgeport Regional Council）、长岛区域规划委员会、西南地区都市规划委员会（South Western Regional Metropolitan Planning Organization）等	• 以公共交通为导向发展模式（TOD）改善环境质量，促进纽约—康涅狄格州规划区的可持续发展
	2014 年 6 月	《再生设计》（Regenerative Design）	空间规划	新泽西州	RPA	• 在新泽西高地利用再生设计将建造与自然环境结合，遵循绿色、可持续原则； • 不同尺度下的再生设计； • 根据不同用地如自然地、湿地、棕地、雨水花园等，需要考虑场地特性进行再生设计； • 建筑设计中利用绿色屋顶进行再生设计
	2014 年 10 月	《麦迪逊广场花园》（Madison Square Garden）	空间规划	纽约市（纽约州）	RPA、纽约市艺术协会	• 再次迁移麦迪逊广场花园以重新规划宾州车站

续表

时期	发布时间	报告名称	类型	地区	主要发布组织与合作方	绿色空间相关内容总结
RP4 研究与实施期间	2014 年 12 月	《划过海湾》（Paddling the Bay）	空间规划	纽约州	RPA、国家公园管理局、盖特威国家游憩区（Gateway National Recreation Area）、大都市滨水联盟（Metropolitan Waterfront Alliance）等	• 增加抵达牙买加湾的接入点，改善水上步道的设施以及牙买加湾的水质
	2015 年 1 月	《路缘之外：北泽西的小公园》（Beyond the Curb: Parklets In North Jersey）	空间规划	新泽西州	RPA、摩里斯艺术（Morris Arts）、摩里斯合伙人（Morristown Partnership）、新泽西州交通部（NJ Department of Transportation）等	• 利用公园绿地激活街道景观，并以此推动步行和自行车的更广泛使用，减缓交通压力； • 针对不同受众编写小公园设计手册
	2015 年 1 月	《米德尔塞克斯绿道通行计划和健康影响评估》（Middlesex Greenway Access Plan and Health Impact Assessment）	政策咨询	新泽西州	RPA、北泽西交通规划局（North Jersey Transportation Planning Authority）、公民之眼协会（Civic Eye Collaborative）等	• 加强 3.5 英里米德尔塞克斯绿道周边场所的联系，以提高绿道的可达性和使用率； • 评估、推广绿道的多重效益提高绿道使用率，在促进身心健康、降低犯罪率等方面起到了重要作用； • 改良绿道的手段，如完善基础设施、推广宣传绿道效益、提升绿道安全性等
	2015 年 2 月	《金伍德：通过 12 号公路的控制发展来保护乡村特色的计划》（Kingwood: A Plan For Preserving Rural Character Through Controlled Development of Route 12）	战略性地区规划	新泽西州	RPA、HART TMA、新泽西州交通部、金伍德镇居民及特拉华谷地区高中生等	• 通过实施 12 号公路风景走廊覆盖 (SCO) 限制增长，和东部门户村中心覆盖 (EGVCO) 条例限制发展并保护周边，推进开发权转让（TDR）计划

续表

时期	发布时间	报告名称	类型	地区	主要发布组织与合作方	绿色空间相关内容总结
RP4 研究与实施期间	2015 年 2 月	《空间规划的不平等》（Spatial Planning and Inequality）	政策咨询	纽约州、新泽西州、康涅狄格州	RPA	• 创造更持续的发展模式，建立弹性更强的自然系统减少碳排放，以创造更好的环境，削减不同人群收入和生活水平上的不平等
	2015 年 3 月	《哪里加强？哪里撤退？》（Where to Reinforce, Where to Retreat?）	空间规划	纽约州、新泽西州、康涅狄格州	RPA	• 在滨海社区利用绿色和灰色基础设施提高城市弹性； • 恢复并重新整合自然系统，包括重建沙丘系统、湿地、牡蛎礁等
	2016 年 3 月	《哈德逊中游可持续发展和精明增长工具包》（Mid-Hudson Sustainability and Smart Growth Toolkit）	规划工具	纽约州	RPA、纽约州能源研究与发展局（New York State Energy Research and Development Authority）、橙县规划部（Orange County Planning Department）	• 基于“哈德逊中游可持续发展和智能增长工具包”的工具包围绕绿色空间等 5 个方面打造气候智能社区（CSC），有助于减少温室气体、预测气候变化并响应等； • 将闲置土地改成社区花园，作为生产食品的绿色空间； • 保护并扩大绿色空间
	2016 年 5 月	《了解哈德逊河公园的益处》(Realizing the Benefits of Hudson River Park)	政策咨询	纽约州	RPA、哈德逊河公园之友（Friends of Hudson River Park）	• 哈德逊河滨水公园对当地和区域经济、就业、旅游、发展、财产税、财产价值和人口统计的影响； • 继续投资完成哈德逊河公园未完成的 30%，将包括在码头的新草坪、树木等

续表

时期	发布时间	报告名称	类型	地区	主要发布组织与合作方	绿色空间相关内容总结
RP4研究与实施期间	2016年6月	《描绘崭新路线》（Charting a New Course）	空间规划	纽约州、新泽西州、康涅狄格州	RPA	•扩大绿色基础设施概念，包括建设湿地、栈道、森林等，保证区域在未来的持续良好发展
	2016年7月	《该地区的健康状况》(State of the Region's Health)	评估预测	纽约州、新泽西州、康涅狄格州	RPA；普拉特研究所规划中心（Center for Planning, Pratt Institute）、纽约医学院（New York Academy of Medicine）等7个技术组织的专家	•将自然体系纳入区域建设从而提升人群健康
	2016年12月	《在水面之下》（Under Water）	空间规划	纽约州、新泽西州、康涅狄格州	RPA	•确定了“纽约—新泽西—康涅狄格”3个州最容易被永久洪水淹没的地方，并预测了海平面上升1英尺、3英尺和6英尺对社区、就业中心和基础设施的影响； •针对未来海平面上升的状况提出应对原则
	2016年12月	《连接塔里顿小镇》（Tarrytown Connected）	战略性地区规划	纽约市（纽约州）	RPA	•规划塔里镇的未开发地块，促进塔里镇和市中心、滨水区和塔里镇火车站之间的交通和视线联系； •纳入绿色基础设施，以弹性景观应对可能发生的洪水灾害
	2017年6月	《更好的城镇工具包》（Better Town Toolkit）	规划工具	纽约州、新泽西州、康涅狄格州	RPA、林肯土地政策研究所、佩斯大学土地利用法律中心（PACE University Land Use Law Center）	•介绍基于“更好的城镇工具包”等交互式资源，帮助专业人士和居民改善街景，提供更好的自然接触方式； •该网站为不同类型的场地提供有吸引力并且可持续的设计，以及实施所需的细节、政策和法规

续表

时期	发布时间	报告名称	类型	地区	主要发布组织与合作方	绿色空间相关内容总结
RP4 研究与实施期间	2017 年 9 月	《接近自然》（Accessing Nature）	空间规划	纽约州、新泽西州、康涅狄格州	RPA	• 在“纽约—新泽西—康涅狄格”3 个州的区域范围建立一个近 1650 英里的由自行车道、远足道和步行道组成的综合区域网络，连接人与自然； • 建立该区域步道网络的必要性
	2017 年 10 月	《海岸适应》（Coastal Adaptation）	空间规划	纽约州、新泽西州、康涅狄格州	RPA、哈佛大学设计研究生院（Harvard University, Graduate School of Design）	• 沿海地区应对洪水等灾害的灾后资金支持，包括信托基金、专项基金和跨州、市合作等； • 提出成立地区海岸委员会（RCC）采取应对战略、制定海岸适应标准、管理并决定信托基金的使用
	2018 年 8 月	《增值》（Adding Value）	政策咨询	哈德逊河谷中部（纽约州）	RPA、纽约州立大学新帕尔茨本杰明中心（The Benjamin Center at SUNY New Paltz）	• 通过评价多种指标指出保护开放空间的重要性，有利于政府、非营利性土地保护组织、公众等利益相关者了解保护开放空间的重要性； • 提出保护开放空间的法律法规和其他机制，以及减免税收后对地方政府经济的弥补建议
	2018 年 9 月	《新海岸线》（The New Shoreline）	空间规划	纽约州、新泽西州、康涅狄格州	RPA	• 汇集纽约大都市区生态建模、湿地恢复和社区弹性的研究； • 建立适应湿地的规划及政策工具箱； • 潜在湿地路径及其社会、城市和物理环境的空间分析

续表

时期	发布时间	报告名称	类型	地区	主要发布组织与合作方	绿色空间相关内容总结
RP4 研究与实施期间	2019 年 4 月	《哈帕克工业园区》（Hauppauge Industrial Park）	空间规划	长岛（纽约州）	RPA	• 对园区现状的深入研究并在长岛区域范围内制定综合的园区愿景； • 整合区域资源制定详细园区规划、公园管理及运营等
	2019 年 5 月	《公平适应之路》（The Road to Equitable Adaptation）	政策咨询	纽约市（纽约州）	RPA、创造纽约之路（Make the Road New York）	• 在拉丁裔工人阶级社区中实现气候变化适应能力的政策、策略、设计
	2019 年 5 月	《公平适应》（Equitable Adaptation）	政策咨询	纽约市（纽约州）	RPA、创造纽约之路	• 在低收入及有色人种社区调研分析气候变化的影响、制定环境适应性改善的计划
	2020 年 2 月	《气候行动手册》（Climate Action Manual）	空间规划	纽约州	RPA、创造纽约之路	• 通过扩大环境保护部的绿色基础设施计划、扩大凉爽屋顶计划、扩大都市农业三类绿色途径使地区适应气候变化； • 在高风险海滨社区实施多项环境改善和绿色发展措施
	2020 年 6 月	《五区自行车道》（The Five Borough Bikeway）	空间规划	纽约州	RPA、自行车道委员会（The Bikeway Advisory Committee）	• 建立融入区域绿道的五区自行车道，形成一个 425 英里的受保护、连续、高容量、优先自行车道网络

续表

时期	发布时间	报告名称	类型	地区	主要发布组织与合作方	绿色空间相关内容总结
RP4 研究与实施期间	2021 年 1 月	《维护和更新基础设施》（Infrastructure for Recovery and Renewal）	空间规划	纽约州、新泽西州、康涅狄格州	RPA、纽约大学罗伯特·F. 瓦格纳公共服务学院（NYU Wagner）	• 实施区域弹性项目，如康尼岛溪区域性研究开发项目； • 加快转型项目，重塑街道和其他公共空间
	2021 年 3 月	《取决于 TASC》（Up to the TASC）	规划工具	纽约州	RPA、纽约市艺术协会、纽约大学瓜里尼环境、能源和土地使用法中心（Guarini Center on Environmental, Energy and Land Use Law）	• 更新环境质量审查（CEQR）技术手册的方法； • 创建一个包含建筑、环境和与社会脆弱性相关的 45 项指标的数据库作为评估分析工具（即 TASC）
	2021 年 10 月	《重新构想通行权》（Re-Envisioning the Right-of-Way）	空间规划	纽约州	RPA、纽约市环境保护局、纽约城市公园（NYC Parks）、纽约州交通部（NYS DOT）	• 将纽约市街道重新构想为多种功能的系统网络； • 让街道成为自然系统，一方面利用绿色基础设施管理雨水和降温，另一方面将公园和自然区域扩展到社区中
	2021 年 11 月	《关于新港务局巴士总站的 10 条建议》（10 Recommendations for the New Port Authority Bus Terminal）	空间规划	纽约州	RPA、城市设计委员会（Urban Design Committee）	• 开发兼作城市中心的新目的地，打造包含 10 英亩绿色开放空间的新结构屋顶； • 改善周边人行通道和环境，形成连接曼哈顿西区和中城的绿色走廊

续表

时期	发布时间	报告名称	类型	地区	主要发布组织与合作方	绿色空间相关内容总结
RP4研究与实施期间	2021年11月	《“我的东肯顿”社区计划》（“My East Camden” Neighborhood Plan）	空间规划	新泽西州	RPA、圣约瑟夫木工协会（Saint Joseph's Carpenter Society）	• 提高可持续性和环境弹性，如再利用棕地景观、实施肯顿绿道、建立工业区绿色屏障等； • 维护和改善公园条件、提升公园可达性，促进地区绿地的康养作用
	2022年7月	《防止下一次艾达（飓风）》（Preventing Another Ida）	空间规划	纽约市（纽约州）	RPA、纽约市环境保护局、纽约市房屋管理局（NYC Housing Authority）	• 加大绿色基础设施的投入和规划力度来提高城市雨洪管理能力； • 根据此次洪水状况计算未来绿色基础设施的设计容量

后记

截至 2022 年，我国的城镇化率已超过 65%，新型城镇化已进入下半程，以京津冀、长三角、粤港澳大湾区和长江黄河流域等区域为代表的城市群和都市圈发展成为新时代的国家重大战略，更成为中国式现代化建设进程中的新增长极。区域资源利用和人居环境建设，在高质量发展背景下面临自然环境与城乡生态、生产、生活需求权衡协同的问题，如何解决自然资源与人工环境协调发展的问题，已成为当前城乡人居环境等学科领域的重要探索方向和研究目标。

在城市群和都市圈的形成与发展中，城市、城乡之间的沟通与联系尤为重要。绿色空间作为连通城市内外和城际最主要的空间类型之一，不仅为城乡居民提供了休闲和游憩场所，更具有生态保护、环境改善和社会交往等多重功能。区域绿色空间是城乡绿地系统在市域内外更大尺度的延伸，而区域绿色空间规划则是城市和区域规划的重要组成部分，对于实现自然系统、人工系统与复合系统的和谐共生具有重要意义。

在全球视野下，对不同历史阶段、不同地域特征的城市群和都市圈区域绿色空间的发展趋势、演变动因等进行研究，具有重要的理论意义与实践价值，可以帮助我们更好地了解和研判绿色空间的演进特征、突出问题与未来状态，从而为更加科学合理地制定城乡规划、环境治理和资源保护等相关政策提供决策依据。因此，我们应该重视对世界各国典型都市区区域绿色空间的研究，探索其经济社会背景、规划实施路径和演变特征动因等内容，从中寻求有益借鉴和参考。

本人以团队的研究内容为基础，结合在美国宾夕法尼亚大学设计学院的访问经历，对纽约大都市区区域绿色空间 100 年以来的 4 次规划内容和演进历程进行了分析，分别从国际国内区域绿色空间发展和规划研究进展、纽约大都市区区域规划背景与进程、纽约大都市区区域绿色空间规划内容、规划实施、演进特征、总结与探讨 6 个部分，梳理了区域绿色空间规划的空间范畴、主要内容、编制路径和实施体系，并进行了成效评估与总结展望，希望引起学界、业界的共鸣与重视，使更多的从业者和决策者关注区域绿色空间的发展和规划，为实现自然资源和人居环境的共生、共融贡献智慧。

我于 2002 年考入北京林业大学，博士毕业后留校工作。近年来，北京林业大学对标新时代国家生态文明建设，为青年教师提供了广阔、开放的成长平台。在这里，我有机会担任北京冬奥会赛区核心区生态景观总规划师，有机会到世界一流大学访问深造，有机会与诸多优秀的同仁一起奋楫笃行。在母校学习、工作的 20 多年，我得到了许多领导、老师、校友和同学们无尽的关心和帮助，这是我一生宝贵的财富。

在书稿临近完成之际，我要由衷感谢我的导师、北京林业大学副校长李雄教授，他在我求学过程中传道授业解惑，在我工作后对教学、研究和实践工作给予大力指导和支持。我在导师的指导下主持、参与了全国多项风景园林规划设计的研究与实践工作，这是我从事学科专业工作的基石。

特别感谢我在宾夕法尼亚大学设计学院访问期间的导师、原风景园林系主任理查德 · 韦勒（Richard Weller）教授，他开启了我对纽约大都市区区域绿色空间规划的研究，并在过程中给予指导和帮助；还要特别感谢纽约区域规划协会前主席、美国宾夕法尼亚大学实践荣誉教授罗伯特 · D. 亚罗（Robert D. Yaro）先生为本书撰写序言，并对我们团队的工作给予肯定。

感谢美国德州农工大学助理教授、博士生导师徐博谦，我在美国访问期间，他给予我很多及时且关键的支持和帮助；感谢我的研究生李梦雨、董心悦、李静茹和刘煜等同学在本书编排、校对过程中付出的辛苦和努力；感谢中国建筑工业出版社杜洁女士、李玲洁女士在本书出版过程中给予的支持。此外，本书撰写和出版得到了北京市自然科学基金面上项目（项目编号：8222022）和北京林业大学“杰出青年人才”培育计划项目（项目编号：2019JQ03010）的经费支持。

受专业能力、时间精力和资源条件等因素所限，本书尚有诸多问题和不足，文中观点也可能以偏概全甚至挂一漏万，不当之处请各位专家学者和老师同仁批评指正。

姚朋

2023 年 10 月